>>> 绿色交通建设与维护丛书

曲线钢-混凝土组合箱梁桥的设计理论

朱 力 著

U0212375

中国建设科技出版社

北京

图书在版编目(CIP)数据

曲线钢-混凝土组合箱梁桥的设计理论/朱力著．
北京:中国建设科技出版社,2024.11. --(绿色交通建
设与维护丛书). -- ISBN 978-7-5160-4294-6

Ⅰ. TU375.1

中国国家版本馆 CIP 数据核字第 2024712S8Z 号

曲线钢-混凝土组合箱梁桥的设计理论
QUXIANGANG-HUNNINGTU ZUHE XIANGLIANGQIAO DE SHEJI LILUN
朱　力　著

出版发行：中国建设科技出版社
地　　　址：北京市西城区白纸坊东街2号院6号楼
邮　　　编：100054
经　　　销：全国各地新华书店
印　　　刷：北京印刷集团有限责任公司
开　　　本：787mm×1092mm　1/16
印　　　张：10.25
字　　　数：240千字
版　　　次：2024年11月第1版
印　　　次：2024年11月第1次
定　　　价：**68.00元**

钢-混凝土组合箱梁桥的研究应用开始于 20 世纪初,但当时的应用具有局限性。通过多年的实际应用和研究,钢-混凝土组合箱梁桥的设计和施工技术不断完善,相应的国家标准和规范也得到了修订和完善。这些技术的成熟使钢-混凝土组合箱梁桥的建造更加可靠和高效。这种箱结构形式以其优良的性能迅速在世界范围内得到广泛应用,尤其在桥梁领域,钢-混凝土组合箱结构因其具有良好的实用性和经济性而被建筑行业广泛认可。

近年来,随着科学技术的进步和深入的研究应用,钢-混凝土组合箱梁桥具有很大的研究空间和应用前景。由于钢结构具有较高的强度和刚度,混凝土结构具有良好的耐久和抗震性能,钢-混凝土组合箱梁桥综合了两者的优点,使桥梁的承载能力和抗震性能得到了显著提升。同时,混凝土的加固作用可以提高钢结构的耐腐蚀性能。钢-混凝土组合箱梁桥采用了可再生材料和高性能材料,使桥梁在使用过程中效果更好。

曲线钢-混凝土组合箱梁桥考虑约束扭转、畸变、剪力滞、界面双向滑移、大曲率几何特性影响和时变效应的有限梁单元模型,全面提高了曲线钢-混凝土组合箱梁桥面系精细计算的效率和精度。同时,通过有限梁单元的计算得到结构关键截面的应力分布特征。曲线钢-混凝土组合箱梁桥考虑约束扭转、畸变、剪力滞的基于有效宽度的简化分析方法,实现了曲线钢-混凝土组合箱梁桥应力分布情况的快速获取。该方法可考虑竖向和轴压荷载两种工况,给出了相应工况下等效跨径的确定方法和特征有效宽度的计算公式,最终实现曲线钢-混凝土组合箱梁桥应力和位移的简化计算。采用截面纤维离散化的策略开发了与曲线梁轴压、扭转和畸变效应相关的截面几何特性的计算程序。

本书共分 8 章,其中第 1 章为绪论,第 2 章为负弯矩加载下大曲率曲线钢-混凝土组合箱梁的试验数值研究,第 3 章为采用不同连接件的曲线 SFRC 和 ECC 组合梁的力学试验和数值研究,第 4 章为曲线钢-混凝土组合箱梁长期受力性能试验研究,第 5 章为曲线钢-混凝土组合箱梁考虑扭转、畸变和双向滑移的 22 个自由度有限梁单元,第 6 章为曲线钢-混凝土组合箱梁的时变徐变和收缩分析,第 7 章为曲线钢-混凝土组合箱梁桥的爬移行为,第 8 章为曲线钢-混凝土组合箱梁横桥向倾覆过程及破坏特征研究。

由于编者水平有限,书中难免有差错与不当之处,敬请专家同行和读者批评指正。

编　者
2024 年 1 月

1 绪 论

近年来，钢-混凝土组合箱梁因其承载力高、自重小、抗扭刚度大、施工方便等优点在结构工程中被广为应用。钢-混凝土组合箱梁桥是一种由不同材料组成的薄壁结构。钢-混凝土组合箱梁桥特殊的组成及截面特性决定了其具有区别于其他结构的特殊受力特性。这种特殊的力学特性就是当结构受力时，由剪力连接件剪切变形所引起的钢筋混凝土板与钢箱梁间的滑移效应和薄壁结构不可忽略的剪力滞效应（梁宽跨比越大，剪力滞效应越明显）同时存在于钢-混凝土组合箱梁桥中。这一特性也成为钢-混凝土组合箱梁结构区别于其他单一材料结构的关键特征。虽然国内外学者对钢-混凝土组合箱梁桥已有一定研究，但对理论模型的进一步优化、考虑多参数共同作用、车桥耦合动力分析及曲线组合梁桥试验和数值研究等方面仍亟须深入探索。

本章简述钢-混凝土组合箱梁桥的国内外研究现状和一些亟待解决的问题，以及本书研究论述的主要内容和意义。

1.1 曲线钢-混凝土组合箱梁的试验数值研究的研究进展

曲线钢-混凝土组合箱梁具有自重小，跨越能力强和抗扭刚度大等优点，目前已逐渐被应用于城市公路立交桥和匝道桥的建设中。与直线组合梁相比，曲线钢-混凝土组合箱梁的整体质心不位于支座连线上，故在自重和车辆等竖向荷载作用下具有典型的弯扭耦合受力特性。当结构受扭时，截面会发生明显的纵向翘曲和畸变变形，当结构较宽时，混凝土顶板和钢梁底板还会表现出明显的剪力滞行为，同时界面还会发生组合梁特有的滑移行为。因而曲线钢-混凝土组合箱梁的受力特性较直线组合梁复杂很多。除具有复杂的空间受力行为外，由于混凝土的收缩徐变效应，曲线钢-混凝土组合箱梁在运营阶段会发生典型的长期下挠，从而显著影响结构的正常使用性能。研究曲线钢-混凝土组合箱梁复杂的弯扭耦合受力特性和显著发展的长期受力性能对于该结构形式在工程中的推广和应用尤为重要。

曲线钢-混凝土组合箱梁的变形分量如图 1-1 所示。除弯曲变形和剪切变形外，曲线钢-混凝土组合箱梁的变形分量还包括约束扭转翘曲变形、畸变变形以及双向界面滑移。与曲线工字型钢-混凝土组合梁相比，现有的文献中关于曲线钢-混凝土组合箱梁的传力机制及数值模拟的研究较少。将全剪切变形概念纳入梁模型中新的理论模型，适用于闭口和开口截面的曲线钢-混凝土组合箱梁。Nie 和 Zhu 基于剪力柔性梁格理论提出用于模拟组合箱型梁的杆系模型，并且利用试验和精细的有限元模型验证了所提出模型的准确性。但是，上述研究没有考虑到钢梁与混凝土桥面板之间的界面双向滑移。此外，Nagai 和 Yoo 对曲线组合梁的扭转和畸变特性进行了理论分析。分析结果表明，扭转翘曲应力和畸变翘曲应力占总应力的比例可达 34%。因此，在曲线钢-混凝土组合箱梁的设计中，扭转翘曲应力和畸变翘曲应力不可忽略。

模型试验是研究曲线钢-混凝土组合箱梁复杂力学行为最有效和最精确的方法，对曲线钢-混凝土组合箱梁的试验研究最早可追溯到 20 世纪 70 年代，Colville 对 4 个曲线钢-混凝土组合箱梁进行了试验分析，并且针对栓钉的设计提出了简化的设计方法。其后，有学者通过对五组实际尺寸的组合梁模型试验对平面曲线钢-混凝土组合箱梁的极限承载性能进行了试验研究，试验结果表明随着跨径与曲率半径比值的增大，组合箱梁的极限承载力逐渐减小；Tan 和 Uy 通过在八组曲线组合梁跨中施加集中荷载的方式研究了曲线钢-混凝土组合箱梁的极限承载力；Wang 等进行了一个钢-混凝土组合箱梁和栓钉疲劳性能的试验研究。

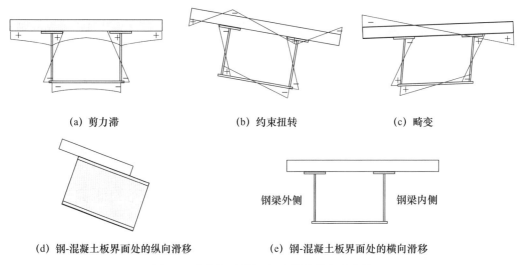

(a) 剪力滞　　　　　　　(b) 约束扭转　　　　　　　(c) 畸变

(d) 钢-混凝土板界面处的纵向滑移　　　　(e) 钢-混凝土板界面处的横向滑移

图 1-1　曲线钢-混凝土组合箱梁的变形分量

上述试验研究主要集中在曲线 I 形组合梁，而对组合箱梁，目前的试验研究主要集中于直梁。以不同的扭转弯曲比和剪力连接程度为设计参数，对 6 根曲线钢-混凝土组合箱梁在弯扭耦合荷载作用下进行了试验研究。试验结果表明，完全连接组合梁主要表现为弯曲或弯曲扭转破坏模式。扭矩的存在对组合箱梁的极限承载力影响不大。在弯扭耦合荷载作用下，组合箱梁的钢梁与混凝土板之间不仅存在纵向滑移，而且存在垂直于梁轴线的横向滑移。为了研究不同剪力连接程度的预应力钢-混凝土组合箱梁的抗扭性能，设计了 3 种不同剪力连接程度的预应力钢-混凝土组合箱梁，研究了静扭转荷载作用下预应力钢-混凝土组合箱梁的受力特性。试验结果表明，抗剪连接件对梁的开裂扭矩影响不大，但组合梁的极限扭矩随着抗剪连接程度的提高而增大。试验结果表明，预应力梁的挠曲增长速率略高于非预应力梁。

关于组合梁由于混凝土收缩徐变效应引起的长期受力行为的试验研究较少。Bradford 和 Gilbert 对 4 根简支组合梁进行了长期加载试验，指出滑移对挠度发展的影响不十分明显，因而在其推导的组合梁长期性能计算的理论模型中忽略了组合梁的界面滑移效应；此外，对 2 根两跨连续组合梁进行了 340 天的长期性能试验，他们指出混凝土收缩对连续组合梁的受力性能有重要影响。Wright 等对 2 根分别由普通混凝土和轻骨料混凝土制成的组合梁进行了长期加载试验研究，结果发现轻骨料混凝土组合梁的挠度小于普通混凝土组合梁的挠度。Xue 等对 2 根预应力简支组合梁和 1 根普通组合梁进行了 1 年的长期加载试验，基于对试验结果研究，建议预应力组合梁和普通组合梁的长期挠度分别取其短期挠度的 3.1 倍和 2.0 倍，并且指出组合梁长期挠度与瞬时挠度之比随栓钉间距的增大而增大。Ding 对 13 根钢-混凝土组合箱梁试件进行了 500 天的长期性能试验研究，研究表明有效预拉力越大，跨中附加变形越小；采用高性能混凝土可以减小组合梁的跨中附加变形，荷载持续作用 500 天时，约减小 40%。有学者对 2 根组合梁进行了正弯矩和 2 根组合梁进行了负弯矩长期加载试验，提出在不同加载条件下应合理采用不同的老化系数，并建立理论模型有效预测了组合梁在正、负弯矩作用下的长期性能。AI-deen 等进行了 3 根组合梁历时 18 个月的长期加载试验，分别研究了仅收缩作用和收缩徐变共同作用对结构长期性能的影响，以及研究了浇筑混凝土时有无支撑对结构长期性能发展的影响；对简支曲线组合 I 形梁的长期受力性能进行了试验研究，监测了曲线组合梁变形与应变随时间变化的规律，指出混凝土的收缩徐变行为对组合梁的长期性能有显著影响；通过试验和有限元数值方法，研究了组合梁的混凝土板收缩效应沿梁高的不均匀性，以及收缩应变梯度对结构长期性能的影响；对 3 根有着不同预应力度的预应力钢-混凝土组合连续箱梁进行了 420 天的长期荷载试验，以研究持续荷载、收缩、徐变和预应力的组合效应。Huang 等对 2 个组合梁试件进行了为期 223 天的长期加载试验，研究表明混凝土桥面预制拼装技术对降低组合梁的长期变形有很好的效果。在上述这些关于组合梁长期性能的试验研究中，仅有 Liu 等研究是关于曲线组合 I 形梁，其余均是直线组合梁在竖向受弯荷载或预应力受压荷载作用下的长期性能试验研究，故无法考虑曲梁特殊弯扭耦合行为的长期发展规律。同时对桥梁工程中广泛使用的曲线钢-混凝土组合箱梁，其长期性能的试验研究还从未见报道。

1.2　曲线钢-混凝土组合箱梁的爬移行为的研究进展

曲线钢-混凝土组合箱梁的受力特点较直线桥梁复杂很多，具有典型的弯扭耦合效应，其在竖向荷载的作用下同时承受弯矩和扭矩，在两者作用的相互促进下，梁体的变形较直线桥梁有一定程度的增大。曲线钢-混凝土组合箱梁在实际运营阶段，不仅承受复杂的车辆荷载，而且在车辆荷载和环境温度的耦合作用下，曲线钢-混凝土组合箱梁沿径向外移，导致梁底部与支座接触面的部分滑移无法恢复，这种现象被称为曲线钢-混凝土组合箱梁的"爬移"。随着时间的推移，曲线钢-混凝土组合箱梁的"爬移"行为会不断积累，只有及时防治曲线钢-混凝土组合箱梁的爬移病害，才能避免支座脱空、梁体外倾、墩台破坏等二次病害的发生。

一些学者对曲线钢-混凝土组合箱梁的"爬移"行为及其影响因素进行了相应研究，其影响因素主要包括车辆离心力作用、温度荷载作用，混凝土收缩徐变效应等。在这些因素的影响下，结构会产生相应的附加内力，从而引起结构自身受力状态的变化，进而产生侧向位移。研究表明温度荷载对曲线钢-混凝土组合箱梁的"爬移"行为有着重要影响。由于温度升高导致梁体的横向变形，会使梁体产生径向位移；由于摩擦力的影响，降温后主梁横桥向的侧移变形并不能完全恢复，当该爬移过程循环往复若干次后，爬移位移不断积累，在温度的长期作用下，梁体的侧移不可忽略，这将对曲线钢-混凝土组合箱梁结构造成破坏。

1.3 曲线钢-混凝土组合箱梁横桥向倾覆过程及破坏特征的研究进展

为使城市桥梁适应复杂的地面条件，减小桥下占地面积、提高桥梁美观性，大量城市桥梁的下部结构采用了独柱墩形式。然而，随着独柱墩式桥梁的广泛应用，其在偏心荷载作用下稳定性不足的缺陷逐步显现。2007 年，包头市一座高架桥在 3 辆超载车辆的作用下发生倾斜倒塌；2015 年，河源市粤赣高速匝道引桥由于 4 辆超载货车偏心行驶而发生断裂坍塌；2019 年，无锡市 312 国道锡港路上跨桥由于 1 辆超载货车偏载行驶而发生倾覆。3 起事故发生处桥梁均采用了独柱墩的下部结构形式，事故的直接原因均为超载车辆在桥面处偏载行驶。

曲线钢-混凝土组合箱梁因其自重小、刚度大、施工方便等优点，逐步被应用于城市立交匝道曲线桥中。当其下部结构采用独柱墩时，设计时需要计算梁体结构的横桥向倾覆稳定性。《公路钢筋混凝土及预应力混凝土桥涵设计规范》（JTG 3362—2018）对桥梁的横向抗倾覆稳定性做出了规定，使桥梁上部结构稳定和失稳的效应设计值之比不超过给定的抗倾覆稳定性系数，同时，在作用基本组合下，单向受压支座应始终保持受压状态。张根等对规范中倾覆过程的特征状态进行了分析，对规范 JTG 3362—2018 中给定的横向抗倾覆稳定性系数的取值方法进行了分析；高超等对独柱曲线梁桥的抗倾覆稳定性进行了分析，提出了独柱曲线梁的抗倾覆措施及对策；祁志伟讨论了支座形式、支座位置、支座预偏心对梁体横向抗倾覆稳定性的影响；王志浩指出了支座脱空会对未脱空支座产生负面影响，使上部结构倾覆破坏的可能性加大；彭卫兵等认为独柱墩梁桥倾覆的起因是支座的脱空和梁体的滑移。

曲线钢-混凝土组合箱梁的倾覆是一个动态过程，该过程从支座脱空开始，到梁体旋转、侧移，直至梁体完全倾覆而结束。对钢-混凝土组合箱梁，偏载作用下的倾覆过程常伴随钢梁板件的局部失稳，因此其与常规钢-混凝土组合箱梁的倾覆过程存在差异。为了解曲线钢-混凝土组合箱梁桥倾覆的起因、过程和最终状态，对梁体倾覆进行全过程分析是很有必要的。

梁体在倾覆过程中存在两个特征状态，在第一个特征状态下，梁体的单向受压支座脱离受压；在第二个特征状态下，梁体的抗扭支承全部失效。这一过程中伴随着材料非线性、边界非线性和几何非线性。显式动力有限元分析法（EFEM）可模拟结构的瞬时状态，因此可准确模拟梁体倾覆的实际过程。

Tang 等利用 EFEM 方法对一座大跨径悬索桥在爆炸荷载作用下的结构响应进行了分析；Xu 等使用 EFEM 方法模拟了一座石拱桥的倒塌，模拟结果与事故现场勘察情况基本吻合；Bi 等利用 EFEM 方法分析了一座高架桥在拆除过程中发生墩柱连续倒塌的过程；Shi 等使用 EFEM 方法对河源市粤赣高速匝道引桥坍塌事故进行了重现，对钢-混凝土组合箱梁倾覆过程及其原因进行了详细分析。上述分析均表明，EFEM 对桥梁倾覆过程具有良好的模拟效果。

目前，大多数文献仅从横桥向抗倾覆稳定系数的角度对曲线钢-混凝土组合箱梁的抗倾覆性能进行分析。暂无文献对钢-混凝土组合箱梁桥倾覆过程中边界条件的改变、材料的破坏及失稳、倾覆重要特征、各部件变化情况等做出系统而详尽的描述和分析。

1.4 采用不同连接件的曲线钢-混凝土组合箱梁的力学试验和数值研究的研究进展

钢-混凝土组合箱梁是通过剪力连接件将钢梁和混凝土板连接起来的组合受力构件。现有文献报道了大量通过试验和有限元（FE）模拟来研究组合梁和混凝土梁的力学性能的案例。为了减小连续组合梁中混凝土的开裂，Nie 等提出了抗拔不抗剪（URSP）连接件，这种连接件由传统的抗剪螺栓和低弹性模量材料组成。为了进一步验证 URSP 连接件的抗开裂性能，Nie 等进行了重要的试验研究。这些试验包括剪切试验和拉拔试验、钢桁架-混凝土组合箱梁的两组负弯矩试验，3 个连续组合梁的试验，悬索桥试验，以及复合框架的一系列有限元模拟计算。已有的试验和模拟结果表明，URSP 连接件在钢-混凝土组合箱梁负弯矩区的应用显著减小了组合梁的开裂。此外，URSP 连接件在中国许多桥梁上广泛采用，包括天津海河大桥和中国高速公路深圳兴威—黄田桥。工程应用表明，与传统曲线钢-混凝土组合箱梁相比，采用 URSP 连接件显著提高了曲线钢-混凝土组合箱梁的抗裂性能。

此外，以往的研究还开发了工程水泥基复合材料（ECC）以实现拉应变硬化。ECC 的应用使极限拉应变和极限抗拉强度明显提高了超过 4％和 4MPa。研究结果还发现，裂纹的开裂宽度在初始阶段快速增长后趋于稳定，达到稳态时最大裂纹宽度小于 $100\mu\varepsilon$。由于在材料层面上的抗裂性，ECC 有极好的潜力扩展应用到钢-混凝土组合箱梁。然而，目前对于使用 URSP 连接件连接的钢-ECC 组合梁的相关研究还很缺乏，这种新型组合梁的开裂性能和整体性能也没有文献报道过。

1.5 本书研究论述的主要内容和意义

根据上述的国内外研究进展，笔者对现有钢-混凝土组合梁研究中的不足以及需要进一步探索的方向进行了一些数值与试验研究，得出了一些科学结论，对今后的国内外研究具有一定的参考价值，为今后组合梁的设计、计算分析提供了更有力的数值模型以及理论依据，现将本书的主要研究内容介绍如下。

针对曲线钢-混凝土组合箱梁鲜有试验报道的现象，相关数值试验研究的匮乏，本书进行了两个大曲率曲线组合箱梁的静力加载试验，对关键截面的位移、扭转变形和应变等静力性能指标进行了量测，之后建立三维非线性有限元模型去模拟大曲率曲线组合箱梁，并与试验结果进行了对比验证。结果表明有限元模型能够精确有效地模拟出破坏模式、荷载-位移曲线以及纵向钢筋和钢梁的应变发展。

针对现有研究的局限，本书基于中国太行山公路桥项目，对钢-ECC 抗拔不抗剪 URSP 连接件组合梁进行了试验和数值研究。原型桥为跨度 50m 的预制连续组合箱梁桥，根据设计计算结果，连续组合箱梁在使用荷载、温度荷载和收缩作用下容易发生开裂。因此，此次研究旨在解决混凝土板开裂这一难题。本试验采用新型 URSP 连接件、高性能复合材料，并优化施工工艺以提高混凝土板的抗裂性能。此次试验研究可细分为以下几个方面：

（1）研发应用于工程的 URSP 连接件连接的钢-ECC 组合梁：本课题研发 ECC 材料和 URSP 连接件，以满足桥梁工程的设计和制造要求。

（2）采用 URSP 连接件的钢-ECC 组合梁抗裂性能试验研究：在试验方案中，对一种新型的采用 URSP 连接件的钢-ECC 组合梁进行静载试验。并以传统的栓钉连接件与钢纤维混凝土组合梁作为参考试件进行了试验，并对荷载-挠度曲线、应变分布和裂缝宽度试验结果进行了比较。

（3）采用 URSP 连接件的新型钢-ECC 复合梁和采用栓钉连接件的传统组合梁的高精度有限元模拟。在试验结果的基础上，建立了三维有限元模型，模拟了两个试件的整体荷载-挠度曲线和应变分布结果。

本书进行了 5 个曲线钢-混凝土组合箱梁试件的长期受力性能试验研究，5 个试件包括 3 个正向加载的简支曲线组合梁，一个倒置以模拟负弯矩加载的简支曲线组合梁，以及一个连续曲线组合梁，加载共历时 222 天。通过曲线钢-混凝土组合箱梁的长期加载试验，一方面获取结构位移和应变随时间发展的变化曲线，揭示曲线钢-混凝土组合箱梁在混凝土收缩徐变作用下长期性能的变化规律，另一方面补充曲线钢-混凝土组合箱梁长期性能试验研究的数据库。

针对这些问题，本书在已有研究的基础上增加了新的自由度，并提出了曲线钢-混凝土组合箱梁考虑约束扭转、畸变、界面双向滑移的 22 个自由度有限梁单元。本书介绍了 3 个曲线钢-混凝土组合箱梁的试验结果，并且通过试验结果验证了所开发的梁单元的准确性。此外，还研究了钢-混凝土组合梁的初始曲率、横隔板数量和剪力连接刚度等关键因素对结构受力性能的影响。因此，本研究建立的一种高效、简洁的模拟方法可用于曲线钢-混凝土组合箱梁的设计。

本书基于虚功原理提出了曲线钢-混凝土组合箱梁考虑约束扭转、畸变、剪力滞、界面双向滑移以及时变效应的一维理论模型。对于一维理论模型的求解算法，在空间域上采用有限元分析离散方法，在时间域上采用基于 Kelvin 流变模型的逐步增量法，提出了曲线钢-混凝土组合箱梁考虑约束扭转、畸变、剪力滞、界面双向滑移和时变效应的 26 个自由度有限梁单元。基于此模型分析了一座实际工程中的曲线钢-混凝土组合箱梁的长期受力行为，并研究了关键设计因素，包括构件的初曲率、界面剪力连接刚度和横隔板的数量对结构长期受力行为的影响。本书进一步研究了 3 个曲线钢-混凝土组合箱梁试件的长期加载试验结果（加载历时 200 多天）。试验结果为曲线钢-混凝土组合箱梁长期加载试验数据库提供补充，并作为本研究提出的曲线钢-混凝土组合箱梁有限梁单元模型的试验验证，证实了该梁单元模型的准确性和适用性。

　　本书重点围绕曲线钢-混凝土组合箱梁的"爬移"行为展开研究：首先以大型通用有限元软件 Abaqus 为平台，采用 Python 语言参数化建模的方式建立曲线钢-混凝土组合箱梁桥的有限元模型，以模拟曲线钢-混凝土组合箱梁的爬移行为。其次围绕该有限元模型对曲线钢-混凝土组合箱梁的爬移行为展开大规模影响因素分析，得到不同因素对曲线钢-混凝土组合箱梁爬移行为的影响特征。最后针对曲线钢-混凝土组合箱梁的爬移行为提出了几种处置措施，结合数值分析模型验证了处置措施的效果。

　　本书以一座采用独柱墩的 3 跨曲线钢-混凝土组合连续梁桥为研究对象，利用大型通用有限元软件 Abaqus 对其在重载车辆偏心加载下倾覆的全过程进行了模拟，对各桥梁部件的响应及破坏特征做出描述，并针对预防梁体倾覆破坏提出了适当的建议。

2 负弯矩加载下大曲率曲线钢-混凝土组合箱梁的试验数值研究

曲线钢-混凝土组合箱梁已被广泛应用于城市立交桥及匝道桥,为了研究其在弯剪耦合作用下的力学行为,在负弯矩静力加载下,对两个圆心角分别为 25°和 45°的大曲率组合箱梁进行了试验。采用静力加载试验来测量关键截面的位移、应变等静力性能指标,深入研究了大曲率曲线钢-混凝土组合箱梁的破坏模式、开裂行为、荷载-位移关系以及钢板和钢筋的应变分布特征。试验结果表明大曲率曲线钢-混凝土组合箱梁的混凝土板和钢梁存在显著的剪力滞效应。此外,约束扭转和畸变效应导致组合梁内侧应力显著大于外侧应力。钢腹板上的应变近似线性分布,因此,基于钢腹板上的应变测量,近似地验证了平截面假设。同时基于大型通用有限元程序 MSC. MARC 对 2 个试件进行了全过程非线性有限元模拟,分别详细介绍了建模方式和本构模型。进行有限元模型与试验结果的对比,模拟结果表明有限元模型能够精确、有效地模拟出破坏形态、荷载-位移曲线、纵筋应变和钢梁应变发展规律。数值模型与试验模型的对比验证了数值模型的精度。

2.1 曲线钢-混凝土组合箱梁的受力特性及简单介绍

曲线钢-混凝土组合箱梁有着自重轻、抗扭刚度大、跨越能力强等优点。此外,曲线钢-混凝土组合箱梁的使用是必要的,因为现在许多桥梁都建设在拥挤的城市,在那里复杂的曲线平面是不可避免的,而且也因为曲线钢-混凝土组合箱梁比直线钢-混凝土组合箱梁更美观。相较于直线钢-混凝土组合箱梁,曲线钢-混凝土组合箱梁因其自身结构特点存在明显的弯扭耦合受力特性,结构受到较大扭矩时还会产生扭转翘曲和畸变翘曲。此外,对于宽径比大于 1/10 的大曲率曲线钢-混凝土组合箱梁,其曲率半径沿梁宽方向上的变化及剪力滞效应同样不可忽视,可见曲线钢-混凝土组合箱梁的受力特性远复杂于直线钢-混凝土组合箱梁。

对于钢-混凝土组合箱梁,目前的试验研究主要集中于直线钢-混凝土组合箱梁。Zhang 等以不同的扭转弯曲比和剪力连接程度为设计参数,对 6 根钢-混凝土组合箱梁在弯扭耦合荷载作用下进行了试验研究。试验结果表明,完全连接组合梁主要表现为弯曲或弯曲扭转破坏模式。扭矩的存在对组合箱梁的极限承载力影响不大。在弯扭耦合荷载作用下,组合箱梁的钢梁与混凝土板之间不仅存在纵向滑移,而且存在垂直于梁轴线的横向滑移。Hu 和 Zhao 为了研究不同剪力连接程度的预应力钢-混凝土组合箱梁的抗扭性能,设计了 3 种不同剪力连接程度的预应力钢-混凝土组合箱梁,研究了静扭转荷载作用下预应力钢-混凝土组合箱梁的受力特性。试验结果表明,抗剪连接件对组合箱梁的开裂扭矩影响不大,但组合梁的极限扭矩随着抗剪连接程度的提高而增大。Cao 等对 3 根有着不同预应力度的预应力钢-混凝土组合连续箱梁进行了 420 天的长期荷载试验，以研究持续荷载、收缩、徐变和预应力的组合效应。试验结果表明，预应力梁的挠度增长速率略高于非预应力梁。

组合箱梁的有限元模拟如下。Ei-Tawil 等对有着不同的曲率、截面特性和跨数的全壳单元模型和梁格模型的曲线组合梁进行了非线性数值模拟。对照发现，翘曲应力对模拟桥梁的剪应力和轴向应力影响不大。Wang 等提出一个纤维梁单元模型来模拟弯曲和轴向耦合荷载下组合梁的塑性行为。Wang 等随之更新了模型，使其能够模拟轴向弯曲扭转耦合荷载下组合梁的塑性行为。Kong 等基于梁单元提出了全壳单元模型和梁格模型，从而去研究曲线组合梁的荷载分布系数，并且与 120 座桥的试验结果进行了对比。为了研究翘曲应力在组合箱梁中的分布，Zhu 等用 MSC.MARC 程序建立了三维弹性有限元模型去模拟组合箱梁，分别通过三维实体单元、壳单元模拟了混凝土板、钢板。此外，Zhu 等提出了类比弹性地基梁是一种有效的模型，通过三维弹性有限元模型和类比弹性地基梁之间的对照，显示出良好的一致性。但是曲线钢-混凝土组合箱梁的非线性三维有限元模拟在现有文献中几乎没有报道。

针对曲线钢-混凝土组合箱梁鲜有试验报道的现象，相关数值试验研究的匮乏，本书进行了 2 个大曲率曲线钢-混凝土组合箱梁的静力加载试验，对关键截面的位移、扭转变形和应变等静力性能指标进行了量测，之后建立三维非线性有限元模型去模拟大曲率曲线钢-混凝土组合箱梁，并与试验结果进行了对比验证。结果表明有限元模型能够精确、有效地模拟出破坏模式、荷载-位移曲线以及纵向钢筋和钢梁的应变发展。

2.2　试验方案

2.2.1　试件设计

根据《钢结构设计标准》（GB 50017—2017）规范按曲线梁最关键的参数"圆心角"分类，设计了 2 个大曲率曲线钢-混凝土组合箱梁试件，分别为圆心角 25° 的 CCB-1 和圆心角 45° 的 CCB-2，如图 2-1 所示。试件由钢梁和混凝土板组成，混凝土板与钢梁通过栓钉进行连接。试件（CCB-1 和 CCB-2）的几何尺寸和构造细节如图 2-2 所示。试件的计算跨度为 5500mm（按截面中心线计算）。钢梁由上翼缘板、下翼缘板、钢腹板、纵横加劲肋和横隔板组成。钢梁截面高度为 300mm，两道钢腹板间距为 1600mm，钢腹板厚度为 16mm；上翼缘板宽度为 100mm，厚度为 6mm；下翼缘板宽度为 100mm，厚度为 6mm；上翼缘板的宽度为 100mm，厚度由 12mm 变为 6mm，具体变化位置如图 2-2（a）和图 2-2（b）所示。端部截面分别布置了 2 道横隔板，并沿纵向等间距布置 4 个横隔板，如图 2-2（c）所示。在下翼缘板通长焊接了 7 道纵向加劲肋，在由横隔板切分出的跨中区隔的下翼缘板上焊接了 3 道横向加劲肋，如图 2-2（d）和图 2-2（e）所示。横隔板厚度为 6mm，并且将宽度为 80mm，厚度为 6mm 的下翼缘板用角焊缝焊接到横隔板底部如图 2-2（f）和图 2-2（g）所示。端部加劲板厚度为 16mm，加载区域加劲板厚度为 6mm。下翼缘板和钢横隔板分别焊接了 84 排栓钉（栓钉直径 13mm，融后高度为 40mm）。下翼缘板的剪力区布置了两列栓钉，而下翼缘板纯弯段布置单列。设计的栓钉能够传递足够的剪力，符合《钢结构设计标准》（GB 50017—2017）规范要求。混凝土板宽度为 2400mm，厚度为 50mm，板内按 100mm 间距设置了 24 根 亚12 的纵向钢筋，在横向上每两排栓钉之间都布设有 1 根 亚12 钢筋（共 83 根 亚12 横向钢筋）。

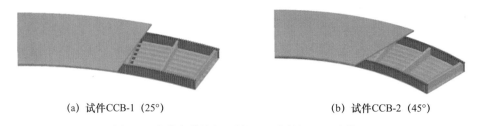

(a) 试件CCB-1（25°）   (b) 试件CCB-2（45°）

图 2-1　大曲率曲线钢-混凝土组合箱梁的试验模型

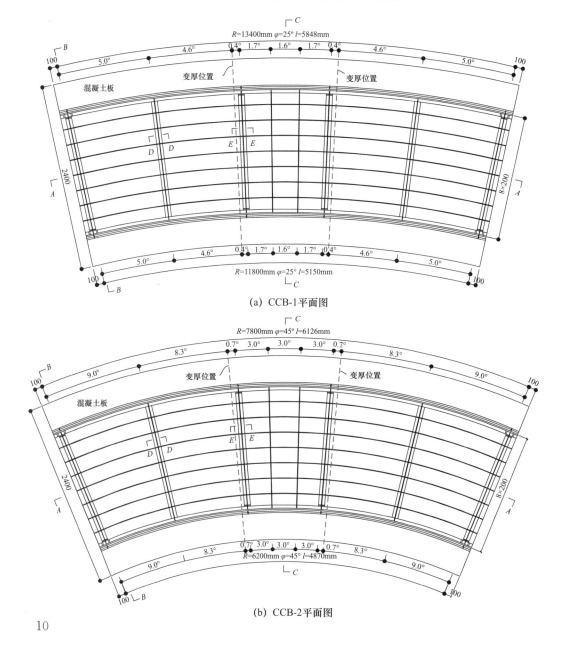

(a) CCB-1平面图

(b) CCB-2平面图

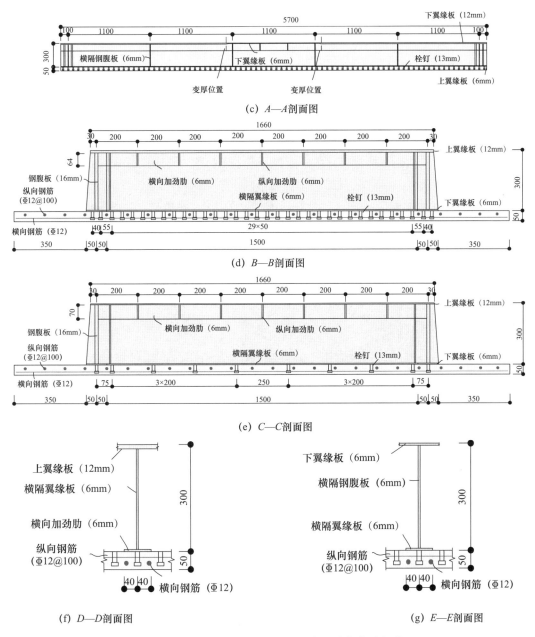

(c) A—A剖面图

(d) B—B剖面图

(e) C—C剖面图

(f) D—D剖面图

(g) E—E剖面图

图 2-2 试件 CCB-1 和 CCB-2 的几何尺寸与构造细节

试验试件的加工过程如图 2-3 所示。试件的钢结构部分由专业加工厂制作，待加工完成后运至实验室，再在实验室进行支模、绑扎钢筋网和混凝土板的浇筑，并在标准养护条件下对混凝土板进行养护。试验试件的焊接细节如下：对于上翼缘板，当上翼缘板厚度由 12mm 变到 6mm 时，采用全接头穿透坡口焊缝连接。其他钢板连接采用 T 形角焊缝，焊缝厚度比焊接钢板的最小厚度还要小 2mm，符合规范要求。此外，直径 13mm、高 40mm 的剪力钉在实验室中焊接，并且栓钉的极限强度达到 480MPa，符合规范要求。

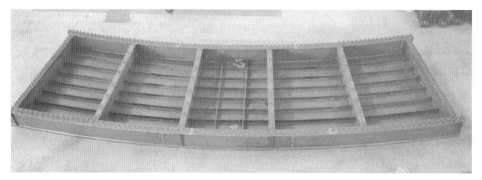

(a) 制作钢梁

(b) 混凝土支模

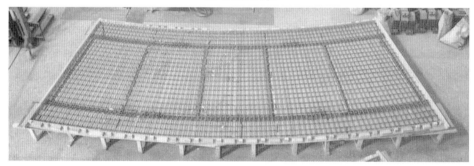

(c) 绑扎钢筋网

(d) 浇筑混凝土板

图 2-3　试验试件的加工过程

2.2.2 材性参数

按照《钢结构设计标准》（GB 50017—2017）和《建筑抗震设计标准》（GB/T 50011—2010）（现行为 2024 年版，下同）规定，钢梁的钢材强度等级均为 Q345C 级，钢筋的强度均为 HRB335 级。每种厚度的钢板进行 4 次对接试验，平均钢材的材料性能参数见表 2-1。根据《建筑抗震设计标准》（GB/T 50011—2010）的规定，混凝土强度等级为 C50，于当日测定 4 个 1150mm 标准立方体试块得到其平均抗压强度 f_{cu}。CCB-1 的 f_{cu} 为 55.0MPa，CCB-2 的 f_{cu} 为 51.1MPa。

表 2-1　钢材的材料性能参数

等级	板厚 t/mm	屈服强度 f_y/MPa	极限强度 f_u/MPa	强屈比 f_u/f_y	延伸率 A/%
Q345C	6	408.1	570.5	1.40	29.3
Q345C	12	352.8	564.5	1.60	31.0
Q345C	16	351.1	526.8	1.50	33.0

2.2.3 试验加载

试件的边界条件和安放情况如图 2-4 所示。4 个钢墩上分别放置两块钢垫板，钢垫板之上分别放置一个球铰支座，进而支撑在试件的 4 个端部角点上。需要说明的是，两块钢垫板之间夹有一片表面涂油的聚四氟乙烯板，如此可消除摩擦，从而保证简支梁在水平方向上可以滑动，而球铰支座保证在转动方向上无约束，从而真正实现了铰接的边界条件。

试验加载装置如图 2-5 所示。每个试件都是 4 点加载直至破坏，在预估屈服荷载之前按力控制加载进程，当达到屈服荷载后，以达到屈服荷载时对应的位移为参考，按位移控制加载进程直至试件破坏。试件上方搭设了两层分配梁，将竖向荷载均匀地分配到钢腹板与横隔板相交的 4 个点上。此外，在分配梁和钢梁之间的表面垫上 50mm×50mm 的钢板。上层分配梁两端分别位于下层分配梁的中点，以确保竖向荷载的均匀分配。

(a) 墩台

(b) 球铰支座

（c）负弯矩加载时试件安放

图 2-4　试件的边界条件和安放情况

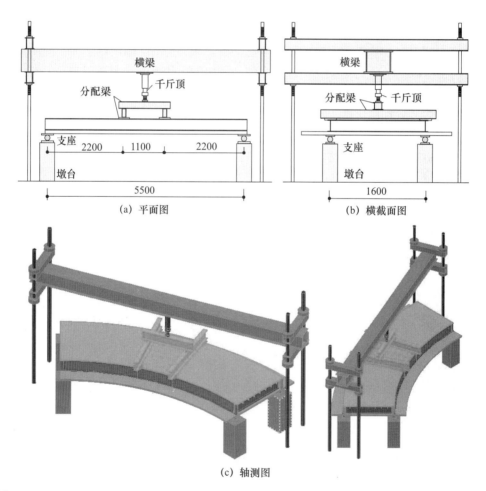

(d) 试验现场

图 2-5 试验加载装置

2.2.4 量测方案

该静力加载试验主要布置了力、位移和应变等量测装置。2 个试件具有相同的量测方案。CCB-1 的量测方案如图 2-6 所示，在跨中截面和 1/4 跨截面处用目测法测量裂缝宽度，并用计算机数据处理系统记录力、位移和应量等数值。量测方案主要参考了以下 5 个因素：

（1）为量测混凝土板的剪力滞效应，沿着纵向以 200mm 间距将 26 个混凝土应变片布置成一排，如图 2-6（a）所示。

（2）为量测混凝土板内纵向钢筋的剪力滞效应，沿着横向在钢筋上布置多个钢筋预埋应变片，将 28 个钢筋应变片沿纵向钢筋以 200mm 间距布置成一排，如图 2-6（b）所示。

（3）为了研究上翼缘板的剪力滞效应，将 20 个钢应变片沿纵向以 200mm 间距布置成一排，如图 2-6（c）所示。

（4）为验证大曲率曲线钢-混凝土组合箱梁的平截面假定是否满足，将 18 个钢应变片沿着纵向在钢梁钢腹板布置成一排，如图 2-6（d）所示。

（5）为了记录梁的挠度，将 6 个位移计在混凝土板下缘布置成一排，如图 2-6（e）所示。跨中截面的挠度值可以作为加载的控制参数，位移计的差值可以用来计算组合梁的扭转角。

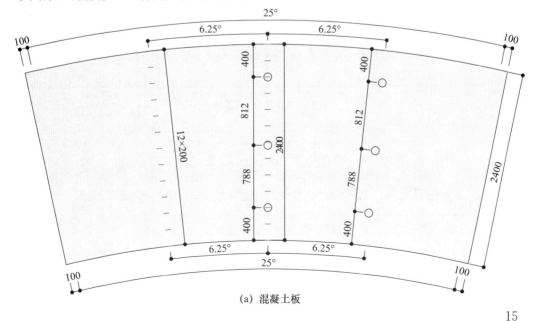

(a) 混凝土板

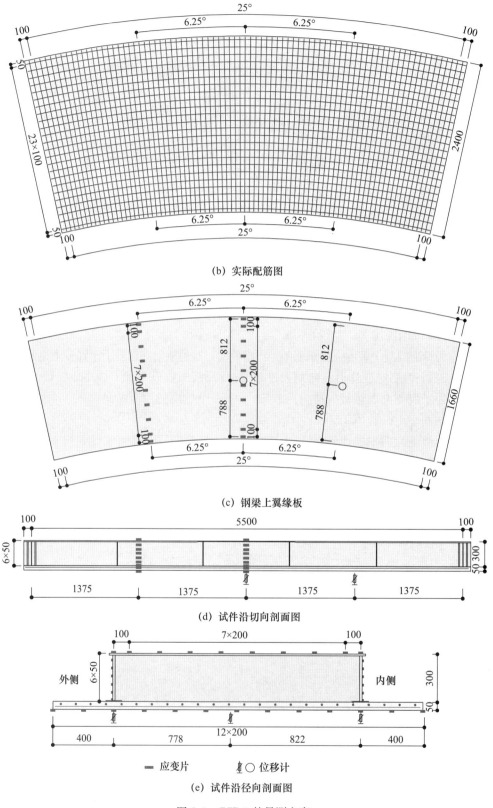

(b) 实际配筋图

(c) 钢梁上翼缘板

(d) 试件沿切向剖面图

(e) 试件沿径向剖面图

图 2-6　CCB-1 的量测方案

2.3 试验结果

2.3.1 特征曲线和特征参数

图 2-7 为两个试件荷载-位移曲线的对比，给出了跨中截面的荷载位移关系和试件的破坏过程。如图 2-7（a）所示，CCB-1 试件的破坏过程如下：首先，在 32kN 的竖向荷载下，混凝土板产生了 1.4mm 的挠度，其底部表面出现了 0.1mm 宽的裂缝。其次，在 389.2kN 的荷载下，试件发生了 28.5mm 的挠度并达到屈服强度，其中屈服位移是按照 Uang、Bruneau 和 ASCE 7-16 建议的极限承载力除以初始刚度得到的。再次，试件峰值荷载达到了 564.1kN。对于下降段，当钢腹板发生断裂时，试件的挠度为 100.2mm；当下翼缘板发生断裂时，试件的挠度为 110.4mm。此外，上翼缘板发生局部屈曲时，试件的挠度为 130.2mm。最后，当支座发生了 47mm 的显著纵向滑移时，试件的挠度为 189.3mm。试验最终由于支座的滑移而终止。

如图 2-7（b）所示，CCB-2 试件的破坏过程如下：首先，在 30kN 的竖向荷载下，试件的挠度为 1.1mm，并且钢筋混凝土板出现了 0.1mm 宽的裂缝。其次，在 278.1kN 的荷载下，试件的挠度为 22.8mm 并达到了屈服强度。再次，钢腹板和下翼缘分别在挠度为 100.1mm 和 110.2mm 时开裂，接着试件的挠度为 130.0mm 时，上翼缘局部屈曲。此外，当试件挠度为 165.mm 时达到了荷载峰值，分配梁周围可以看见混凝土剥落。最后，在曲线的下降段，荷载为 543.5kN、挠度为 195mm 时，支座沿纵向滑移了 62mm，加载终止。对照 CCB-1 和 CCB-2 试件，可知大曲率曲线钢-混凝土组合箱梁的刚度随着圆心角的增大而显著下降。

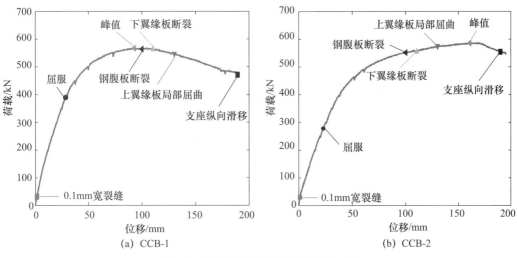

图 2-7　两个试件荷载-位移曲线的对比

表 2-2 为塑性工况时加载的特征参数，列出了 2 个试件屈服荷载、屈服荷载对应位移、峰值荷载和峰值荷载对应位移，当圆心角由 25°增加到 45°时，跨中的峰值挠度由 93.18mm 显著增加到 165.4mm，而峰值荷载只由 564.1kN 增加到 586.3kN。这一对比表明大曲率试件在增大圆心角之后能够显著提高变形性能，而对于峰值荷载的改变不

大。此外，CCB-2 试件的位移明显低于 CCB-1，这表明圆心角的增大能够显著降低大曲率曲线钢-混凝土组合箱梁的屈服能力。

表 2-2　塑性工况加载的特征参数

试件编号	屈服荷载 P_y/kN	屈服荷载对应位移 D_y/mm	峰值荷载 P_u/kN	峰值荷载对应位移 D_u/mm
CCB-1	389.2	28.5	564.1	93.18
CCB-2	278.1	22.8	586.3	165.4

图 2-8 为 2 个试件在跨中截面和 1/4 跨截面处塑性荷载-扭转角曲线的比较。试验结果表明，在加载历程中，2 个试件的扭转角均为单调增大。CCB-1 和 CCB-2 2 个试件的最大扭转角分别是 1.26°和 2.1°，如图 2-8（a）所示。2 个试件在跨中截面和 1/4 跨截面处的最大扭转角分别是 0.45°和 1.2°，如图 2-8（b）所示。当圆心角由 25°增大到 45°时，大曲率曲线钢-混凝土组合箱梁的扭矩显著增大，从而引起扭转角显著增加。

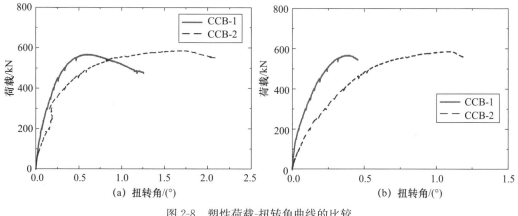

图 2-8　塑性荷载-扭转角曲线的比较

2.3.2　试验观测和裂缝宽度

本节说明了负弯矩作用下组合梁的破坏形态和裂缝宽度。受跨中截面的抗弯承载力制约，其破坏模式为弯曲破坏形式，试件的延性得到了充分的发展。最大裂缝宽度与荷载的关系如图 2-9 所示，在加载过程中，CCB-1 试件的裂缝宽度比 CCB-2 试件的更大。但是，当竖直荷载从 400kN 变到 500kN 时 2 个试件的裂缝宽度差别并不大。

CCB-1 和 CCB-2 试件的混凝土板破坏模式和裂缝分布分别如图 2-10 和图 2-11 所示。试件的破坏模式均为弯曲破坏形式。以 CCB-1 试件为例，由千斤顶传递过来的负弯矩、扭转和压力共同作用，引起钢腹板撕裂，裂缝并延伸到钢梁下翼缘板，如图 2-10（a）所示。CCB-2

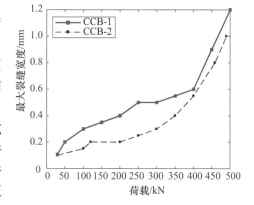

图 2-9　试件的最大裂缝宽度与荷载的关系

试件跨中截面的钢腹板撕裂，裂缝并延伸到钢梁下翼缘板，与混凝土裂缝的位置重合，这个破坏对 2 个试件来说都是由弯扭耦合荷载引起的，如图 2-11（a）所示。如图 2-10（b）和图 2-11（b）所示，CCB-1 试件的上翼缘板在纯弯曲段发生局部屈曲，CCB-2 试件在跨中截面发生局部屈曲。一般来说，钢腹板撕裂、下翼缘板断裂和上翼缘板的局部屈曲都发生在每个试件的相同截面处。但只有上翼缘板在压屈之后，才能观察到上翼缘板的局部屈曲，这表明按规范设计的试件足以避免受压翼缘板的弹性屈曲。每个试件都发生了支座的纵向滑移，这表明支座滑移变形是曲线梁的一种基本行为，并且应当在桥梁设计中检查这种行为，然后规避支座引起的破坏，如图 2-10（c）和图 2-11（c）所示。混凝土板的裂缝分为弯曲裂缝和扭转裂缝。弯曲裂缝是负弯矩造成的，并且沿横向等间距发展。而扭转裂缝是扭矩引起的，并且对于每个试件都是沿着斜向发展，如图 2-10（d）、图 2-10（e）和图 2-11（d）、图 2-11（e）所示。试验结果表明，由扭转引起的裂缝也应该在桥梁设计中受到监测。

(a) 钢腹板撕裂　　(b) 上翼缘板压屈　　　　(c) 支座纵向滑移

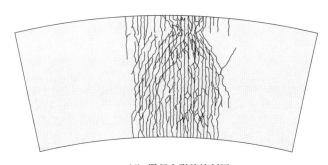

(d) 混凝土裂缝绘制图

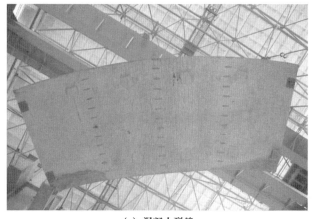

(e) 混凝土裂缝

图 2-10　试件 CCB-1 塑性工况加载的混凝土板破坏模式和裂缝分布

(a) 钢腹板撕裂   (b) 上翼缘板压屈   (c) 支座纵向滑移

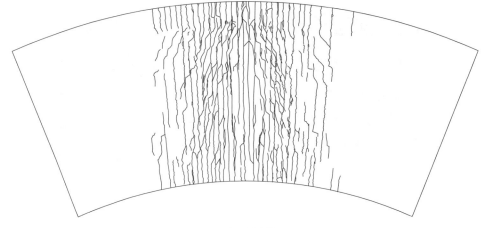

(d) 混凝土开裂绘制图

(e) 混凝土开裂

图 2-11　试件 CCB-2 塑性工况加载的混凝土板破坏模式和裂缝分布

2.3.3 钢腹板应变分布

图 2-12 和图 2-13 分别表示跨中截面和 1/4 跨截面处钢腹板应变分布情况。平截面假设可以在负弯矩作用下的大曲率曲线钢-混凝土组合箱梁上得到验证，如图 2-12 和图 2-13 所示。CCB-1 的钢腹板在 80% 倍的 P_u 时达到了拉伸屈服应变，而 CCB-2 试件在 60% 的 P_u 时达到拉伸屈服应变，如图 2-12 所示。这一对比表明 CCB-2 试件在加载历程中承受了更大的应变。试验结果显示，大曲率曲线钢-混凝土组合箱梁的刚度随着圆心角的增大而显著降低。此外，外侧钢腹板和内侧钢腹板的刚度差别不大，这表明钢腹板的应变主要取决于弯矩而不是约束扭转和变形。2 个试件 1/4 跨截面钢腹板在整个加载过程都保持着弹性，如图 2-13 所示。除此之外，图 2-13 表明了 CCB-2 试件在 1/4 跨截面处也表现出显著增加的正应变。

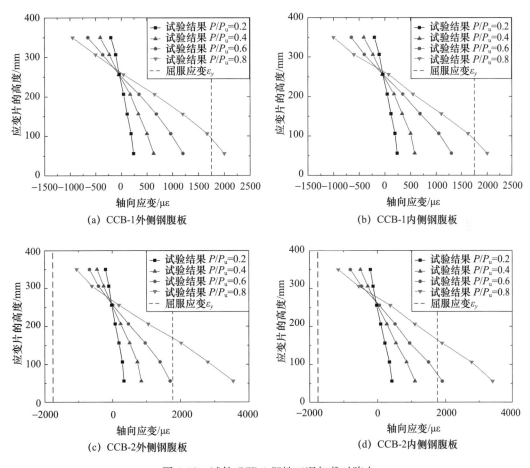

图 2-12　试件 CCB-1 塑性工况加载时跨中
截面处钢腹板的应变分布

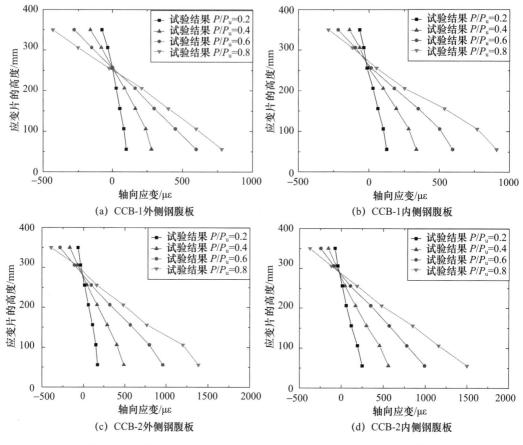

(a) CCB-1外侧钢腹板 (b) CCB-1内侧钢腹板

(c) CCB-2外侧钢腹板 (d) CCB-2内侧钢腹板

图2-13　试件CCB-2塑性工况加载时1/4跨截面处钢腹板的应变分布

2.4　有限元分析

2.4.1　有限元模型

为了进一步深入研究并模拟大曲率曲线钢-混凝土组合箱梁的受力特性，在研究中对每个试件都进行了有限元分析。试件的负弯矩受力性能采用大型通用有限元程序MSC. MARC，进行全过程受力特性的模拟和分析。负弯矩区加载的有限元模型如图2-14所示。首先，数值模型中混凝土板和钢梁采用3D-SHELL75厚壳单元建立，混凝土板由于受预埋钢筋的影响，模拟混凝土板的壳单元需要设置材料分层，根据配筋率、钢筋的实际位置和方向插入钢筋作为钢筋层。忽略钢筋与混凝土之间的滑移，同时由于试件是弯曲破坏形式，钢筋的销栓效应也应当被忽略。其次，在MSC. MARC程序中用非线性弹簧单元来模拟水平剪力钉的剪力滑移关系。因为在试验过程中钢-混凝土表面没有观察到牵引位移，所以剪力钉的牵引位移也应当被忽略。在钢梁和混凝土板界面之间的栓钉连接件采用非线性弹簧单元SPRINGS模拟，以考虑两者之间的滑移效应。试件顶部的刚性分配梁采用3D-BEAM14单元建立，以实现作用在钢腹板与翼缘板交会处竖向荷载的分配加载。此外，用三维梁单元来模拟刚性分配梁，以实现作用在钢腹板与翼缘板交会处竖向荷载的分配加载。混凝土板和钢板的单元尺寸设置为50mm。最后，采用简支支座的边界条件去模拟试验中的组合梁底部支座。

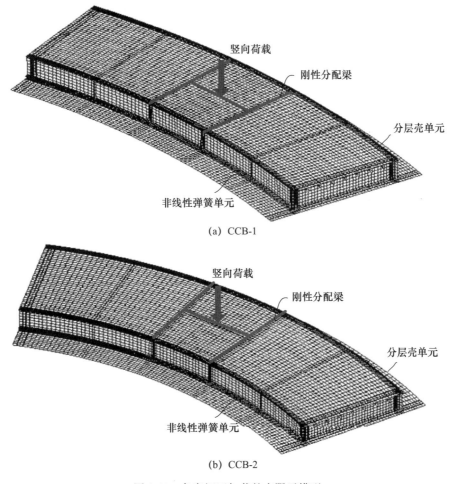

(a) CCB-1

(b) CCB-2

图 2-14 负弯矩区加载的有限元模型

混凝土的本构关系如下。首先，因为混凝土板的约束效应不明显，假定混凝土在受压时采用等向强化法则和关联流动法则的 von-Mises 屈服面，CCB-1 试件在试验结束时，只在加载点附近观察到了混凝土剥落，因此采用了图 2-15（a）中 Rüsch 推荐的单轴压缩应力-应变关系，见式（2-1）。混凝土的圆柱体抗压强度按照 Chen 等的建议计算，见式（2-2）。

$$\frac{\sigma}{f'_c} = \begin{cases} 2\dfrac{\varepsilon}{\varepsilon_0} - \left(\dfrac{\varepsilon}{\varepsilon_0}\right) & \varepsilon \leqslant \varepsilon_0 \\ 1 & \varepsilon_0 < \varepsilon \leqslant \varepsilon_u \end{cases} \tag{2-1}$$

$$f'_c = \begin{cases} 0.8\, f_{cu} & f_{cu} \leqslant 50 \\ f_{cu} - 10 & f_{cu} > 50 \end{cases} \tag{2-2}$$

式中，ε 表示混凝土应变；ε_0 表示峰值压应变为 0.002；ε_u 表示极限压应变为 0.0033；

f'_c 表示混凝土的圆柱体抗压强度；f_{cu} 表示混凝土立方体的抗压强度。

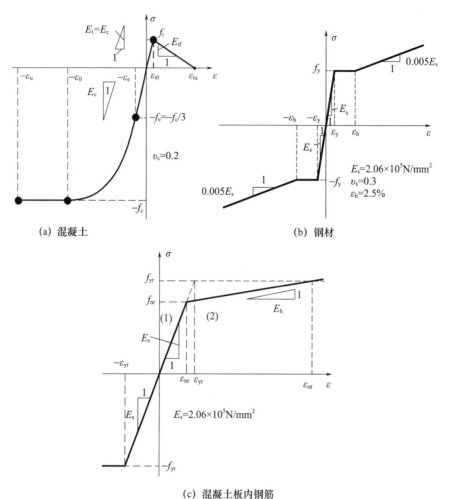

(a) 混凝土

(b) 钢材

(c) 混凝土板内钢筋

图 2-15 有限元模型中材料的单轴应力-应变关系

为了模拟混凝土的开裂行为，混凝土单轴抗拉性能的试验采用 Tao、Guo、规范模型、Bazant 和 Oh 推荐的方法，见式（2-3）～式（2-5）。

$$\frac{\sigma}{f_t}=\begin{cases} \dfrac{\varepsilon}{\varepsilon_{t0}} & \varepsilon \leqslant \varepsilon_{t0} \\[2mm] \dfrac{\varepsilon_{tu}-\varepsilon}{\varepsilon_{tu}-\varepsilon_{t0}} & \varepsilon_0 < \varepsilon \leqslant \varepsilon_0 \end{cases} \tag{2-3}$$

$$\sigma=\begin{cases} 0.26\,f_{cu}^{2/3} & f_{cu} \leqslant 50 \\ 0.21\,f_{cu}^{2/3} & f_{cu} > 50 \end{cases} \tag{2-4}$$

$$\varepsilon_{tu}=\frac{2\,G_f}{f_t\,l_e} \tag{2-5}$$

式中，f_t 表示混凝土的抗拉强度；ε 表示混凝土应变；ε_{t0} 表示混凝土开裂应变；ε_{tu} 表示混凝土的极限拉应变；G_f 表示规范中规定混凝土的断裂能；l_e 表示特征单元长度。

钢板和钢筋采用 von-Mises 屈服表面，结合关联流动法则和随动强化法则，试验得到的钢筋和钢板的屈服强度见表 2-1。钢板的单轴应力-应变关系采用图 2-15（b）的三折线模型，见式（2-6）。

$$\sigma = \begin{cases} E_s\varepsilon & \varepsilon \leqslant \varepsilon_y \\ f_y & \varepsilon_y < \varepsilon \leqslant \varepsilon_{sh} \\ f_y + \dfrac{f_u - f_y}{\varepsilon_{ur} - \varepsilon_{sh}} & \varepsilon > \varepsilon_{sh} \end{cases} \tag{2-6}$$

式中，ε_{sh} 表示硬化开始时的应变（如 Han 建议的 $12\varepsilon_y$ 钢板和 Esmaeily 与 Xiao 建议的 $4\varepsilon_y$ 钢筋）；ε_{ur} 表示钢板或钢筋的极限应变；f_u 表示钢板或钢筋的极限应力。

钢筋的拉伸强化特性降低了混凝土中钢筋的名义屈服应力。为了模拟钢筋的拉伸强化特性，钢筋模型采用 Belarbi 和 Hsu 提出的改进模型，混凝土中钢筋的应力-应变关系采用图 2-15（c）的模型，式（2-7）～式（2-9）。

$$\sigma = \begin{cases} E_s\varepsilon & \varepsilon \leqslant \varepsilon_y^* \\ f_y^* + \dfrac{f_y - f_y^*}{\varepsilon_{sh} - \varepsilon_y^*}(\varepsilon - \varepsilon_y^*) & \varepsilon_y^* < \varepsilon \leqslant \varepsilon_{sh} \\ f_y + \dfrac{f_u - f_y}{\varepsilon_{ur} - \varepsilon_{sh}}(\varepsilon - \varepsilon_{sh}) & \varepsilon > \varepsilon_{sh} \end{cases} \tag{2-7}$$

$$\frac{f_y^*}{f_y} = 1 - \frac{4}{\rho}\left(\frac{f_t}{f_y}\right)^{1.5} \tag{2-8}$$

$$\frac{\varepsilon_y^*}{\varepsilon_y} = 1 - \frac{4}{\rho}\left(\frac{f_t}{f_y}\right)^{1.5} \tag{2-9}$$

式中，f_y^* 表示钢筋的修正屈服强度；ε_y^* 表示钢筋的修正屈服应变；f_t 表示混凝土抗拉强度；f_y 表示钢筋屈服强度；ρ 表示配筋率。

此外，采用非线性弹簧单元来模拟下翼缘板和混凝土板间剪力钉界面滑移，剪力钉的本构关系采用 Ollgaaed 等提出的模型。

2.4.2　有限元验证

图 2-16 对比了 2 个试件试验结果和数值模型的破坏形态，试验结果和数值模型表明 2 个试件的破坏模式都为弯曲破坏形式，挠度一般位于 2 个分配梁之间。此外，试验结果和数值模型均对大曲率曲线钢-混凝土组合箱梁的扭转变形进行了预测，试验结果和数值模型都表明 CCB-2 试件的扭转变形显著高于 CCB-1 试件。

2 个试件的数值分析和试验结果的荷载-位移曲线对比如图 2-17 所示。使用数值模型模拟了弧长为 5500mm 的一个直线钢-混凝土组合箱梁，并用点画虚线表示。数值模型过高估计了 2 个试件的刚度，这一差异可能是由钢板和剪力钉焊接产生的残余应力引起的。此外，CCB-1 试件的数值模型略微高估了下降段的残余能力，这可能是处于下降段中的混凝土剥落所致，而这一点没有在数值模型中模拟。不过数值模型总体上很好地预测了每个试件的初始刚度和极限承载能力，因此，数值模型的整体精度得到了验证，可以满足工程设计需要。直线钢-混凝土组合箱梁和 CCB-1 试件在整个加载过程中有着相近的极限承载能力和刚度，这说明在试验中 25°的圆心角对组合箱梁的整体性能的影响不大，如图 2-17（a）所示。然而，CCB-2 试件的刚度和直线钢-混凝土组合箱梁相比显著减小，这说明了 45°的圆心角引起了明显的刚度退化效应，如图 2-17（b）所示。数值模型和试验结果都

(a) CCB-1试验破坏形态前视图　　　　　(b) CCB-1试验破坏形态侧视图

(c) CCB-1数值模型破坏前视图　　　　　(d) CCB-1数值模型破坏侧视图

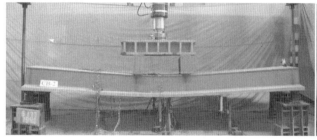

(e) CCB-2试验破坏形态前视图　　　　　(f) CCB-2试验破坏形态侧视图

(g) CCB-2数值模型破坏前视图　　　　　(h) CCB-2数值模型破坏侧视图

图 2-16　2 个试件试验结果和数值模型之间破坏形态比较

表明 CCB-2 试件在峰值荷载时的位移与直梁的数值模型相比显著增加。此外，图 2-18 中比较了上翼缘处纵向应变数值分析结果和试验结果。图 2-19 为混凝土板内钢筋纵向应变试验结果和数值结果的对比。从图 2-18 和图 2-19 得出以下 4 个观察结果：

（1）较大剪力滞效应：剪力滞效应在钢腹板处（800mm 和 -800mm 处）引起的纵向应变显著高于中心线处的纵向应变，如图 2-18 和图 2-19 所示。图 2-18 中剪力滞效应随着荷载的增加和钢板应变的增加而显著增大。

（2）显著的约束扭转和畸变效应：梁内侧的纵向应变显著高于梁外侧，如图 2-18 和图 2-19 所示。因此，在混凝土板和上翼缘板处都发生了约束扭转和畸变效应。

（3）钢筋屈服：如图 2-18 所示，上翼缘板处在 $0.8P_u$ 时没有达到其屈服应变。1/4 跨截面处的钢筋在 $0.8P_u$ 时没有达到屈服，然而，跨中截面的钢筋在 $0.8P_u$ 时达到了 $1903\mu\varepsilon$ 的屈服应变，如图 2-19 所示。数值模型较好地预测钢筋的屈服。

（4）有限元模型的精度：图 2-18 和图 2-19 提出的数值模型能够精确地预测混凝土板和上翼缘板的应变分布。因此，数值模型也在试验中精准地预测了剪力滞效应、约束扭转和畸变效应。

在上述比较的基础上提出的数值模型能很好地预测出负弯矩作用下的大曲率曲线钢-混凝土组合箱梁的整体性能。因此，本文开发的有限元模型经过试验验证，能够推广到工程设计中。

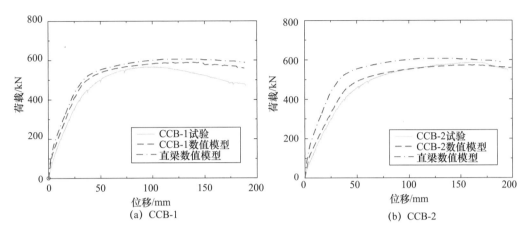

图 2-17 数值分析和试验结果的荷载-位移曲线对比

注：直梁即直线钢-混凝土组合箱梁。

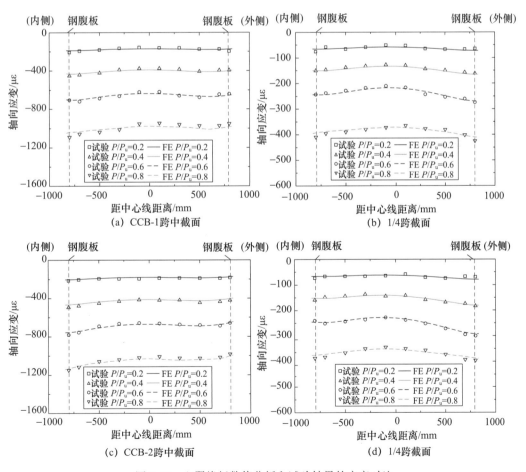

图 2-18 上翼缘板数值分析和试验结果的应变对比

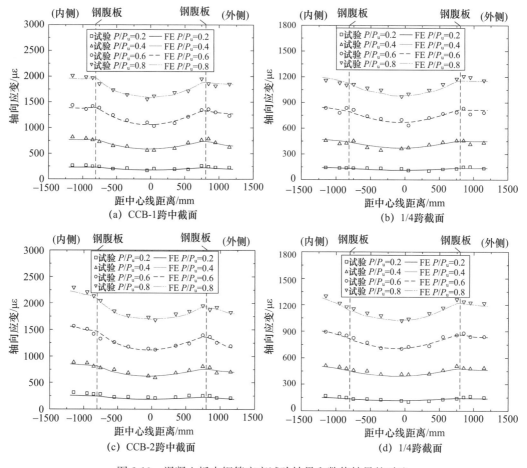

图 2-19　混凝土板内钢筋应变试验结果和数值结果的对比

2.5　本章小结

本章进行了 2 个大曲率曲线钢-混凝土组合箱梁的静载试验,对关键截面的位移和应变等静力性能指标进行了量测,并建立了非线性三维精细有限元模型模拟试验结果,得到以下几点结论:

(1)大曲率曲线钢-混凝土组合箱梁的负弯矩加载破坏形态依次为混凝土板开裂、跨中区域钢腹板撕裂、钢梁下翼缘局部失稳等破坏现象,在试验研究的圆心角范围内,圆心角从 25°增加至 45°对极限承载力影响不显著,但试件的扭转变形随圆心角的增加而显著增加。

(2)在弯曲、剪力滞效应、约束扭转和畸变等效应的共同作用下,曲线钢-混凝土组合箱梁内侧应力通常大于外侧应力。

(3)剪力滞效应使截面中心线附近的应力低于钢腹板处的应力,随着荷载和钢板应变的增加,剪力滞效应也在显著增大。

(4)提出的非线性有限元模型能够很好地预测负弯矩加载作用下曲线钢-混凝土组合箱梁的破坏形态、荷载-位移曲线以及纵向钢筋和钢梁的应变发展规律。该有限元模型可以推广到参数化分析和工程设计中去。

3 采用不同连接件的曲线 SFRC 和 ECC 组合梁的力学试验和数值研究

为了研究在负弯矩作用下曲线钢-混凝土组合箱梁的受力开裂特性，本课题设计了 2 根圆心角为 9°的曲线钢-混凝土组合箱梁试件，并对其进行静力加载试验。试件 CCB-1 采用钢纤维混凝土（SFRC）板和传统栓钉连接件；作为对照，CCB-2 采用工程水泥基复合材料（ECC）和抗拔不抗剪（URSP）连接件以增强其抗裂性。本文详细报道了载荷-位移曲线、强度和位移延展特性、破坏模式以及应变分布情况。对于小曲率梁在负弯矩作用下的加载试验，2 个试件均观察到受弯临界破坏模式，即顶部钢板受压屈服和混凝土板受拉屈服。与 CCB-1 中传统的栓钉连接件相比，CCB-2 中的 URSP 连接件有效地释放了组合梁的界面滑移，提高了界面滑移能力，减小了混凝土的开裂宽度。此外，本课题还建立了 2 个试件的非线性精细有限元模型，并详细介绍了建模方案和材料本构模型。该模型很好地预测了混凝土板和钢梁的荷载-位移曲线、初始刚度、破坏模式和应变分布。试验结果和有限元结果均表明：混凝土板剪力滞效应不明显，而钢翼缘板剪力滞效应显著。URSP 连接件的性能得到了很好的验证。

3.1 曲线 SFRC 和 ECC 组合梁的简要介绍

钢-混凝土组合箱梁是通过剪力连接件将钢梁和混凝土板连接起来的组合受力构件。在组合箱梁中，混凝土的抗压强度和钢板的抗拉强度可以得到充分发挥。因此，钢-混凝土组合箱梁具有自重轻、受力性能好的优点，在许多大型复杂组合结构和超高层建筑中得到了广泛的应用。现有文献报道了大量通过试验和有限元（FE）模拟来研究组合梁和混凝土梁的力学性能的案例。已有的剪切试验和拉拔试验和有限元模拟结果都表明，URSP 连接件在钢-混凝土组合梁负弯矩区的应用显著减小了组合梁的开裂。中国现代桥梁结构中广泛使用 URSP 连接件，工程应用表明，使用 URSP 连接件的桥梁结构可以显著增强组合梁的抗裂性能。工程水泥基复合材料（ECC）可以明显提高材料极限拉应变，应用在钢-混凝土组合梁中具有广阔的前景，但是目前使用 URSP 连接件连接的钢-ECC 组合梁研究鲜有报道，基于目前国内外对 URSP 连接件连接的钢-ECC 组合梁的相关研究还很缺乏，本章对采用不同连接件的曲线 SFRC 和 ECC 组合梁进行力学试验和数值研究。

针对目前对 URSP 连接件连接的钢-ECC 组合梁研究的不足，本章以中国太行山公路桥项目为依托，对钢-ECC 抗拔不抗剪（URSP）连接件组合梁进行了试验和数值研究。试验采用新型 URSP 连接件、高性能复合材料，研究混凝土板的抗裂性能。采用本课题研发的 ECC 材料和 URSP 连接件对组合梁进行抗裂性能试验研究，设置栓钉连接件与钢纤维混凝土组合梁作为对照组，研究荷载-挠度曲线、应变分布等结果，同时建立三维有限元模型，与试验结果进行对比分析。

3.2 试验方案

3.2.1 试件设计

本章根据《钢结构设计标准》（GB 50017—2017）规范设计了 2 个小曲率双箱型组合梁试件，并进行了静载试验。试件 CCB-1 由钢纤维混凝土和传统栓钉连接件组成，试件 CCB-2 由 ECC 和 URSP 连接件组成。2 个试件设计示意图如图 3-1 所示，2 个试件的细部设计图如图 3-2 所示。由图 3-1 和图 3-2 可知，试件由通过抗剪连接件连接的曲线钢梁和混凝土板组成。图 3-2 将试件倒置以施加负弯矩。试件 CCB-1 和 CCB-2 的设计仅在混凝土材料选择和剪力连接件设计上有所不同，而其他参数的设计相同。曲线钢梁的中心线为圆弧，半径为 35015mm，圆心角为 9°，弧长为 5700mm。钢梁由上翼缘板、下翼缘板、钢腹板、翼缘板上的纵向加劲肋，横隔板和局部加劲肋组成，在上、下翼缘板上采用圆曲线形的纵向加劲肋。横隔板与纵向加劲肋相交时，对横隔板进行穿孔，保证纵向加劲肋的连续。采用的钢箱梁宽 452mm、高 300mm。上翼缘板宽 640mm，厚 8mm；下翼缘板宽 600mm，厚 12mm。为避免钢箱梁的局部屈曲，在每个支撑横截面上都设置了横隔板，共等间距布置了 5 道横隔板，如图 3-1 所示。

在每个钢箱梁的上下缘沿全长焊接两排纵向加劲肋。剪力连接件的设计如下：上翼缘板与混凝土板连接，共焊接抗剪连接件 980 个，共 70 排。为连接横隔板和混凝土板，在每个横隔板上总共焊接了 20 个受剪连接件，如图 3-2 所示。试件 CCB-1 栓钉连接件的直径为 10mm，高度为 50mm，如图 3-1（b）所示。URSP 连接件的直径为 10mm，高度为 40mm。URSP 连接件采用厚度为 10mm 的乙烯-乙酸乙烯（EVA）泡沫材料，如图 3-1（d）所示，混凝土板中钢筋布置如下：混凝土板宽度为 2000mm，厚度为 60mm，共设置 12 根间距为 100mm、直径为 16mm 的纵向钢筋。横向上，每两排剪力连接件之间布置 36 根直径为 12mm 的横向钢筋。试件采用双角焊缝连接钢板梁。

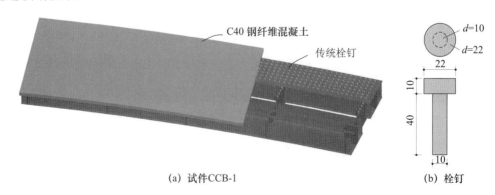

(a) 试件CCB-1　　　　　　　　　　　　　　　　(b) 栓钉

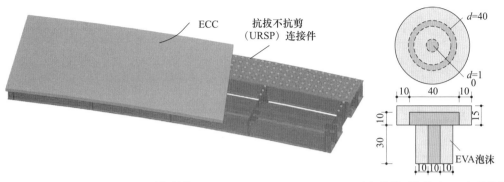

(c) 试件CCB-2   (d) 抗拔不抗剪（URSP）连接件

图 3-1　试件 CCB-1 和 CCB-2 设计示意图

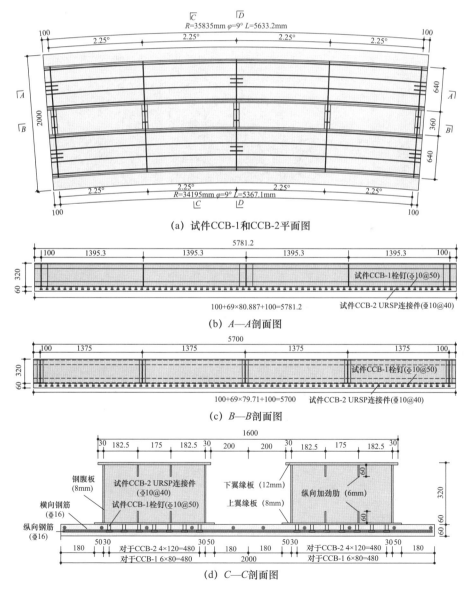

(a) 试件CCB-1和CCB-2平面图

(b) A—A剖面图

(c) B—B剖面图

(d) C—C剖面图

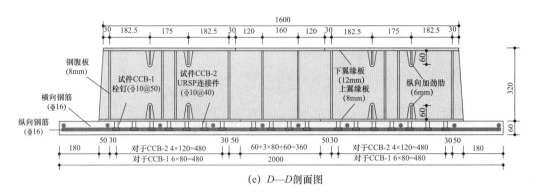

（e）*D—D*剖面图

图 3-2 2 个试件的细部设计图

图 3-3 为试件 CCB-2 的制作过程。钢结构试件在工厂焊接，然后运到实验室。随后将抗剪连接件焊接到钢翼缘板上，搭建模板。将 EVA 泡沫涂在抗剪连接件上形成 UR-SP 连接件。在钢翼缘板上布置钢筋，随后浇筑混凝土并经养护后进行试验。

图 3-3 试件 CCB-2 的制作过程

3.2.2 材料参数

试件 CCB-1 混凝土板采用立方体抗压强度标准值为 40MPa 的钢纤维混凝土（SFRC）；SFRC 是将磨碎的钢纤维以 0.77% 的体积比掺入 C40 级商品混凝土（立方体

抗压强度标准值为 40MPa）中制成的。试件 CCB-2 的混凝土板采用低收缩工程水泥基复合材料（ECC）制成，其具有较高的抗拉强度、拉应变硬化性能和较强的施工和易性。在试件 CCB-2 中，采用聚乙烯醇（PVA）纤维和钢纤维制备 ECC。试件 CCB-2 中钢纤维和 PVA 纤维的力学参数由厂家提供，见表 3-1。在表 3-1 中，为保证开发的 ECC 材料的抗拉强度和延性，采用体积比为 1.70％的钢纤维和体积比为 0.60％的 PVA 纤维形成复合增强体系。对于 CCB-2 试件中的 ECC，水泥为低收缩复合水泥，砂为石英砂，砂的细度为 100～200 目。试件 CCB-1 中 SFRC 和试件 CCB-2 中 ECC 的复合水泥、水、砂的质量比为 1.00：0.35：0.20。

表 3-1　试件 CCB-2 中钢纤维和 PVA 纤维的力学参数

名称	密度/（kg/m³）	抗拉强度/MPa	弹性模量/GPa	直径/mm	长度/mm	容积比/％
PVA 纤维	1200	1620	42.8	0.039	12	1.70
钢纤维	7800	2750	210	0.200	13	0.60

采用 MTS（材料测试系统）810 材料试验机，在第 28 天对 3 个 ECC 试样进行单轴拉伸试验，得到了单轴拉伸应力-应变关系曲线，如图 3-4 所示。所开发的 ECC 材料在轴向拉伸载荷作用下表现出优异的力学性能；此外，ECC 材料在初始开裂后还表现出多点开裂和应变硬化性能。单轴拉伸试验的极限拉应变列在表 3-2 中，在表 3-2 中开裂强度定义为应力-应变曲线线性上升部分的末端。为了确保 ECC 材料在设计实践中的安全性，并考虑到产生裂缝的宽度，定义极限抗拉强度为拉应变达到 1.5％的应力值；如果 ECC 在 1.5％的拉应变之前达到最大强度，则定义最大拉应力为抗拉强度，对应的应变为极限拉应变。由表 3-2 可知，开发的 ECC 材料复合增强体系的开裂强度为 3.29MPa，极限抗拉强度为 4.40MPa，极限拉应变为 1.77％。因此，在本次试验过程中，研究团队在 CCB-2 试件中开发出了具有增强的延展性和拉伸强度的 ECC 材料。

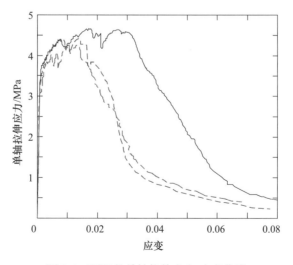

图 3-4　ECC 的单轴拉伸应力-应变曲线

表 3-2 混凝土试件的材料性能

龄期	开裂强度/MPa	平均值/MPa	抗拉强度/MPa	平均值/MPa	极限拉应变/%	平均值/%
	3.40		4.30		1.30	
28 天	3.58	3.29	4.73	4.40	2.70	1.77
	2.90		4.17		1.32	

对于每一块混凝土板，浇筑 3 个边长 100mm 的混凝土立方体测试立方体抗压强度 f_{cu}，浇筑 3 个 100mm×100mm×400mm 的混凝土棱柱体测试抗弯强度，浇筑 2 个 100mm×100mm×300mm 的混凝土棱柱体测试棱柱体抗压强度和杨氏模量。混凝土立方体及棱柱体在与试件相同的条件下浇筑和养护，并在加载当天进行测试。混凝土立方体及棱柱体试验得到的材料性能见表 3-3。在表 3-3 中，按照 Guo 的建议，按 100mm 立方体抗压强度 f_{cu100} 除以 1.05 计算 150mm 立方体抗压强度 f_{cu}。从表 3-3 可以看出，试样 CCB-2 中的 ECC 比试样 CCB-1 中的 SFRC 的抗拉强度和抗弯强度有着显著的提高。

表 3-3 钢板和钢筋试件的材料性能

试件编号	100mm 立方体抗压强度 f_{cu100}/MPa	150mm 立方体抗压强度 f_{cu}/MPa	抗弯强度/MPa	单轴抗拉强度 f_t/MPa	弹性模量 E_c/MPa
CCB-1	52.3	49.8	6.1	2.5	28501
CCB-2	76.6	73.0	15.5	4.4	23800

钢箱梁的钢材强度等级为 Q345qE（名义屈服强度为 345MPa）。纵向和横向钢筋直径为 16mm，强度等级为 HRB400（屈服强度标准值为 400MPa）。对每种钢板厚度和钢筋进行 3 次单轴拉伸试验，试验得到的材料性能见表 3-4。两个试件的连接件的极限抗拉强度均为 480MPa，符合我国《钢结构设计标准》（GB 50017—2017）的规定。

表 3-4 钢板和钢筋试样材料性能

钢材强度等级	板厚 t/mm	屈服强度 f_{ys}/MPa	极限强度 f_{us}/MPa	f_{us}/f_{ys}	延伸率 A/%
Q345qE	6 钢板	363.7	509.2	1.40	0.303
Q345qE	8 钢板	356.4	499.0	1.40	0.310
Q345qE	12 钢板	351.1	484.7	1.38	0.325
HRB400	16 钢筋	411.0	476.8	1.16	0.250

3.2.3 试验装置

图 3-5 为试件安装及边界条件施加。采用 300t 的电液伺服加载系统施加荷载，在垂直加载机构与钢梁之间设置刚度适宜的分配梁。分配梁将竖向集中荷载平均传递给 2 个钢箱梁，每个试件采用简支边界条件。在 4 个钢墩的一侧采用 2 个滑动支座，另一侧采用 2 个固定支座。滑动支座消除了摩擦，滑动支座和固定支座的转动约束都得到了释放。因此，在整个加载过程中，保证了每个试件的简支边界条件。

(a) 试件边界条件示意图　　　　　　　　　(b) 试验现场图

图 3-5　试件安装及边界条件施加

本试验采用静力加载的试验方法，在跨中施加集中力，使倒置组合梁在一定的负弯矩作用下破坏。试验采用逐步加载的方法，各阶段竖向荷载为 50kN，加载速率为 1.0kN/s。加载前估算屈服荷载，达到屈服荷载后转换为位移控制。

3.2.4　试验测量

在试验过程中，数据采集系统自动采集并记录各测点的试验数据；实时绘制荷载-位移曲线，作为试验控制的依据。在试验过程中，人工记录结构的变形、混凝土板的开裂、钢板的屈曲发展和损伤位置。

试件 CCB-1 的试验测量方案如图 3-6 所示。本次试验的主要测量仪器有压力传感器、应变仪、位移传感器、数据采集系统和裂缝宽度尺。在混凝土表面布置表面安装式应变传感器测量混凝土表面应变，如图 3-6（a）所示；在跨中截面和 1/4 跨截面处的纵向钢筋上设置应变片，如图 3-6（b）所示；在跨中截面和 1/4 跨截面处的底部安装位移传感器，记录梁的竖向位移，如图 3-6（c）所示。此外，在组合梁的钢箱与混凝土板的界面共设置 5 个位移传感器，测量界面滑移。对组合梁跨中截面、1/4 跨截面、端部截面的钢腹板、上翼缘板、下翼缘板进行应变测量，如图 3-6（c）、（d）所示。

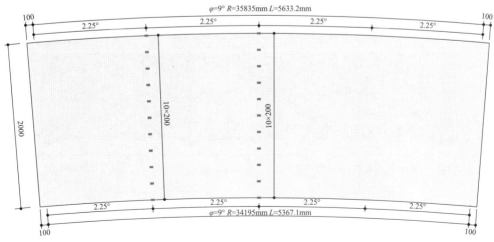

(a) 混凝土板

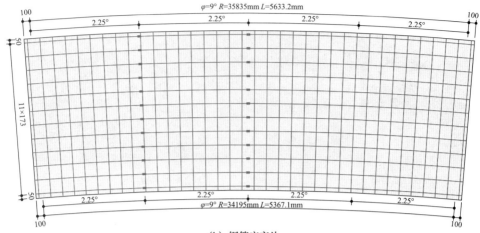

(b) 钢筋应变片

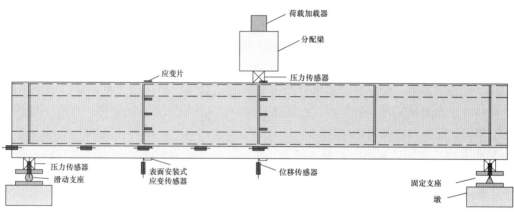

(c) 测量方案正视图

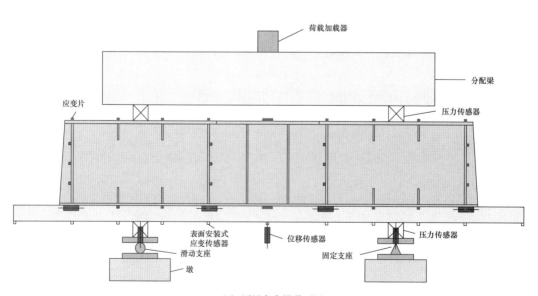

(d) 测量方案横截面图

图 3-6　试件 CCB-1 的试验测量方案

3.3 试验结果

3.3.1 载荷-位移曲线、强度和位移

试验中，2 个试件均产生弯曲破坏。图 3-7 为 2 个试件跨中截面荷载-位移曲线对比，图 3-8 为 2 个试件荷载-界面滑移曲线对比。如图 3-7 所示，试件 CCB-1 的极限承载力为 1092.51kN；试件 CCB-2 的极限承载力略高，为 1160.20kN。极限承载力差异不明显，极限承载力略有差异的原因如下：在本次试验中，2 个试件均达到了弯曲破坏极限，抗弯承载力主要来源于混凝土板的受拉和钢梁的受弯；对于这 2 个试件，钢筋在混凝土板上提供了大部分的极限抗拉承载力，因此，最终的极限承载力之间差异并不明显。测量 1/4 跨截面处钢梁箱与混凝土板的界面滑移，如图 3-8 所示。试件 CCB-1 在整个加载过程中，钢梁箱与混凝土板的界面滑移均小于 0.5mm。试件 CCB-2 在达到 999.80kN 的屈服荷载后，界面滑移迅速增大。在跨中挠度为 90mm 时停止试验，测量界面滑移达到 5.4mm。试验结果表明，采用 URSP 连接件的钢-ECC 组合梁在负弯矩作用下具有显著的界面滑移能力。相比之下，传统的栓钉连接件组合梁在整个加载过程中界面滑移有限。

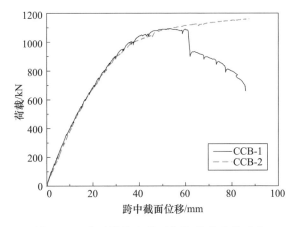

图 3-7　2 个试件跨中截面荷载-位移曲线对比

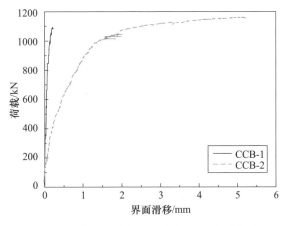

图 3-8　2 个试件 1/4 跨截面处荷载-界面滑移曲线对比

试件屈服荷载和承载力见表 3-5。屈服位移由 Han 和 Li 推荐的图解法得到。由表 3-4 可知，试件 CBB-1 和 CBB-2 的延性比分别为 1.76 和 2.30。因此，试件 CBB-2 相比于试件 CBB-1，位移延性明显增强，这是由于 URSP 连接件的界面滑移特性所致。

表 3-5　试样的屈服荷载和承载力

试件编号	屈服荷载 P_y/kN	屈服位移 Δ_y/mm	峰值荷载 P_u/kN	峰值位移 $\Delta_{\max}$/mm	P_u/P_y	$\Delta_{\max}/\Delta_y$
CCB-1	914.42	30.62	1092.51	53.74	1.19	1.76
CCB-2	999.80	37.92	1160.20	87.4	1.16	2.30

3.3.2　试验观测和破坏模式

在承受负弯矩时，2 个试件均观测到典型弯曲破坏模式。2 个试件的裂缝宽度如图 3-9 所示。试件 CCB-1 在 50kN 的竖向荷载作用下开裂，试件 CCB-2 在 100kN 的竖向荷载作用下开裂。在整个加载过程中，试件 CCB-2 的裂缝宽度明显小于试件 CCB-1 的裂缝宽度；此外，CCB-2 的开裂荷载也明显高于 CCB-1 的开裂荷载，如图 3-9 所示。试件 CCB-2 抗裂性能的提升主要有以下两个原因：首先，试件 CCB-2 的混凝土板采用 ECC，其抗拉强度、抗弯强度和拉应变硬化性能均高于试件 CCB-1 中的 SFRC；其次，URSP 连接件在负弯矩区的抗裂性能也显著减小了试件 CCB-2 的裂缝宽度。根据 Nie 等的研究，URSP 连接件能够在荷载作用下通过抗剪螺栓与混凝土之间的初始间隙释放开裂应变。但在极限荷载作用下，抗剪螺栓与混凝土之间的间隙封闭，组合构件在负弯矩作用下的极限抗弯承载力得以保持。此外，试件内侧裂缝宽度明显高于外侧，这是由组合梁设计初始曲率引起的横向弯矩和扭矩所致，如图 3-9 所示。

图 3-10 为试件 CCB-1 的破坏模式及裂缝发展。在图 3-10（a）、图 3-10（b）中，试件 CCB-1 呈现出典型弯曲破坏模式。在达到极限承载力时垂直加载机构周围的底部钢板出现局部屈曲、钢腹板与底部钢板的焊缝出现断裂，如图 3-10（c），从而使图 3-7 的荷载-位移曲线出现了明显的软化。钢腹板与底部钢板的焊缝发生断裂可能是由于手工焊接时焊缝强度的变化造成的。图 3-10（d）为试验结束时观察到支座的滑动。试件 CCB-1 混凝土板的裂缝一般沿横向发展，如图 3-10（e）所示，这说明进行试验的曲线钢-混凝土组合梁混凝土板主要承受单轴拉应力。

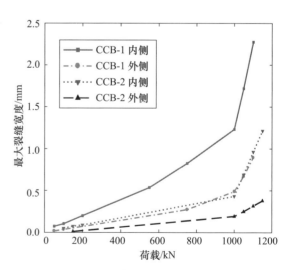

图 3-9　2 个试件的裂缝宽度

(a) 试件CCB-1破坏模式正视图

(b) 试件CCB-1破坏模式侧视图

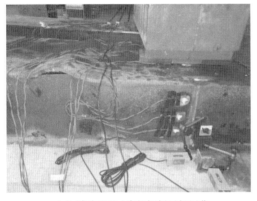

(c) 试件CCB-1底部钢板局部屈曲

(d) 支座滑动

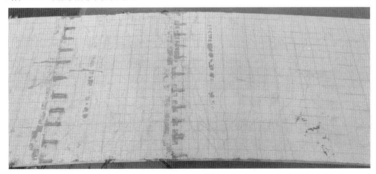

(e) 混凝土板裂缝图

图 3-10　试件 CCB-1 的破坏模式及裂缝发展

　　图 3-11 为试件 CCB-2 的破坏模式及裂缝发展。在图 3-11（a）、图 3-11（b）中，试件 CCB-2 在试验结束时也呈现出典型弯曲破坏模式。在图 3-11（c）中，可以观察到底部钢板的局部屈曲。然而，在整个加载过程中，试件 CCB-2 并没有出现钢箱梁的焊缝撕裂现象。因此在试验中，试件 CCB-2 的极限承载力呈单调递增态势。图 3-11（d）为试验结束时观察到支座的滑动。试件 CCB-2 的混凝土板裂缝也沿横向发展，如图 3-11（e）所示。试件 CCB-2 的裂缝宽度小于试件 CCB-1，这是由于 ECC 材料的多点开裂行为所致，如 3.2.2 节所述。

(a) 试件CCB-2破坏模式正视图

(b) 试件CCB-2破坏模式侧视图

(c) 试件CCB-2底部钢板局部屈曲

(d) 支座滑动

(e) 混凝土板裂缝

图 3-11　试件 CCB-2 的破坏模式及裂缝发展

3.3.3　跨中截面应变分布

试件 CCB-1 和 CCB-2 跨中截面轴向应变分布如图 3-12 和图 3-13 所示。竖直坐标为 0 表示混凝土板的顶面，而竖直坐标为 380mm 表示下翼缘板的底面。在图 3-12 和图 3-13 中，轴向应变分别由布置在钢箱梁上的 5 个应变片和布置在混凝土板表面的 1 个应变片记录，如图 3-6（c）和图 3-6（d）所示。由于横向弯矩和扭矩的共同作用，试件内侧的应变发展速度要快于外侧的应变，如图 3-12 和图 3-13 所示。如图 3-12 所示，轴向应变在竖直方向近似线性分布，这符合平截面假定。由于试件 CCB-1 采用栓钉连接件连接，混凝土板中钢筋的应变略高于钢翼缘板。此外，由于钢腹板与翼缘板之间的焊缝局部屈曲断裂，在试验荷载达到极限承载力（P_u）的 80% 时，应变迅速增加。如图 3-13 所示，试件 CCB-2 在试验荷载小于 $0.6P_u$ 时，混凝土板中钢筋的应变略低于钢翼缘板。但当

试验荷载达到 $0.8P_u$ 时，混凝土板中钢筋的应变略高于钢翼缘板。这一结果表明，剪力连接件与混凝土板之间的间隙在试验荷载达到 $0.8P_u$ 时被封闭，并且试件 CCB-2 在达到极限承载力之前平截面假定依然适用。

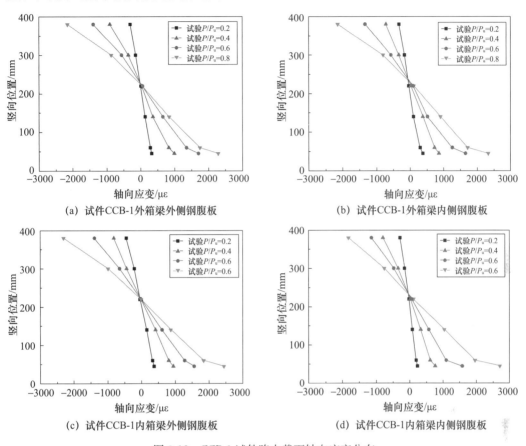

(a) 试件CCB-1外箱梁外侧钢腹板　　　　(b) 试件CCB-1外箱梁内侧钢腹板

(c) 试件CCB-1内箱梁外侧钢腹板　　　　(d) 试件CCB-1内箱梁内侧钢腹板

图 3-12　CCB-1 试件跨中截面轴向应变分布

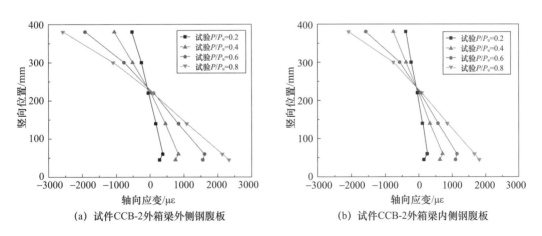

(a) 试件CCB-2外箱梁外侧钢腹板　　　　(b) 试件CCB-2外箱梁内侧钢腹板

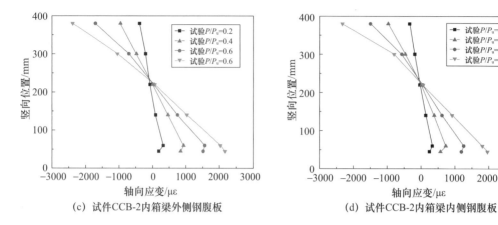

（c）试件CCB-2内箱梁外侧钢腹板 （d）试件CCB-2内箱梁内侧钢腹板

图 3-13 CCB-2 试件跨中截面轴向应变分布

3.4 有限元分析

3.4.1 有限元模型

为了进一步研究曲线钢-混凝土组合箱梁的力学性能与各种混凝土材料和剪力连接件的关系，在 Abaqus 软件中建立精细有限元模型，并使用传统栓钉连接件 SFRC 组合梁和 URSP 连接件钢-ECC 组合梁的试验结果进行验证。

1. 建模方案

图 3-14 为 2 个试件建模方案。采用缩减积分的四节点壳单元（Abaqus 中的 S4R）和三节点壳单元（Abaqus 中的 S3）对混凝土板、钢梁、纵向加劲肋、横向加劲肋和横隔板进行模拟。在钢箱梁与混凝土板界面处采用忽略界面摩阻力的弹簧单元来模拟栓钉连接件和 URSP 连接件。

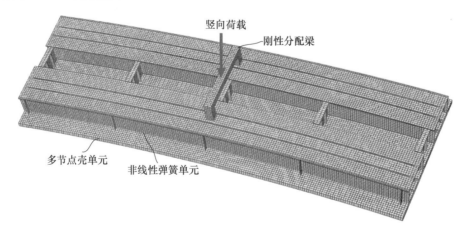

图 3-14 试件 CCB-1、试件 CCB-2 建模方案

2. 材料本构模型

图 3-15（a）～图 3-15（d）为钢板、钢筋、SFRC 和 ECC 的材料本构模型，图 3-15（e）～

图 3-15（f）栓钉连接件和 URSP 连接件的剪力-位移曲线。

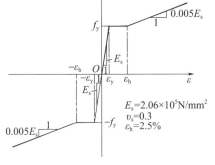

（a）钢板

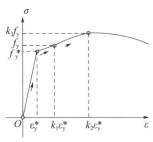

（b）混凝土板中的钢筋

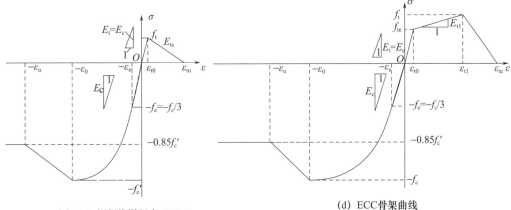

（c）C40 钢纤维混凝土 (SFRC)　　　　　　（d）ECC骨架曲线

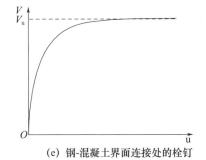

（e）钢-混凝土界面连接处的栓钉　　　　（f）钢-混凝土界面连接处的URSP连接件

图 3-15　材料本构模型和连接件剪力-位移曲线（有限元）

具体本构模型如下：

（1）钢板模型：假设钢板符合随动强化和关联流动法则，单轴应力-应变关系如图 3-15（a）所示。借助钢板试样试验，确定钢板的初始硬化应变为 0.025。钢板的硬化模量设定为 $0.005E_s$，符合 Tao 的建议。根据 Tao 的建议，确定钢板的硬化模量为 $0.005E_s$。

（2）钢筋模型：钢筋模型采用弹塑性模型，单轴应力-应变关系如图 3-15（b）所示。为了模拟钢筋混凝土板中钢筋的拉伸硬化，Wang 建议采用以下公式，见式（3-1）～

式（3-3）：

$$\sigma = \begin{cases} E_s\varepsilon & \varepsilon \leqslant \varepsilon_y^* \\ f_y^* + \dfrac{f_y - f_y^*}{k_1\,\varepsilon_{sh} - \varepsilon_y^*}\,(\varepsilon - \varepsilon_y^*) & \varepsilon_y^* < \varepsilon \leqslant k_1\,\varepsilon_y^* \\ k_3\,f_y + \dfrac{f_y\,(1 - k_3)}{\varepsilon_y^{*2}\,(k_2 - k_1)^2}\,(\varepsilon - k_1\,\varepsilon_y^*)^2 \end{cases} \tag{3-1}$$

$$\frac{f_y^*}{f_y} = 1 - \frac{4}{\rho}\left(\frac{f_t}{f_y}\right)^{1.5} \tag{3-2}$$

$$\frac{\varepsilon_y^*}{\varepsilon_y} = 1 - \frac{4}{\rho}\left(\frac{f_t}{f_y}\right)^{1.5} \tag{3-3}$$

式中，f_y^* 和 ε_y^* 分别表示考虑了拉伸硬化的修正屈服强度和修正屈服应变，k_1、k_2 和 k_3 是 Esmaeily 和 Xiao 建议的 3 个参数；f_t 表示混凝土的抗拉强度；f_y 表示钢筋的屈服强度；ρ 表示混凝土板的配筋率。

此模型忽略了钢筋与混凝土之间的相对滑移。

（3）SFRC 的本构模型：由于约束效应在混凝土板中并不显著，因此假设 SFRC 具有关联流动法则下的 von-Mises 屈服面并符合各向同性强化法则。混凝土抗压骨架曲线采用线性下降形式，如图 3-15（c）所示。混凝土在轴向压应变为 0.002 时达到峰值应力 f'_c，在轴向压应变为 0.0035 时应力软化为 $0.85f'_c$。根据 Guo 的建议，混凝土圆柱体抗压强度通过立方体抗压强度 f_{cu} 计算，见式（3-4）：

$$\sigma = \begin{cases} 0.8\,f_{cu} & f_{cu} \leqslant 50 \\ f_{cu} - 10 & f_{cu} > 50 \end{cases} \tag{3-4}$$

式中，f_{cu} 为混凝土立方抗压强度；f'_c 为混凝土圆柱体抗压强度。

SFRC 的拉应力-应变关系曲线采用线性下降形式，软化模量 E_{ts} 按 Bazant 和 Oh 的推荐计算，见式（3-5）：

$$E_{ts} = \frac{1}{\dfrac{2\,G_f}{f_t^2\,L_e} - \dfrac{1}{E_c}} \tag{3-5}$$

式中，G_f 为混凝土的断裂能；f_t 为混凝土的抗拉强度；L_e 为混凝土构件的平均尺寸；E_c 为混凝土的弹性模量。

（4）ECC 的本构模型：ECC 本构模型采用 Han 等提出的简化三线性模型，如图 3-15（d）所示。图 3-15（d）中的 SFRC 本构模型相比，本课题中的 ECC 模型是在对 ECC 试件进行单轴拉伸试验的基础上仅对单轴拉伸骨架曲线进行了修改，见式（3-6）：

$$\sigma = \begin{cases} E_s\varepsilon & \varepsilon \leqslant \varepsilon_y^* \\ f_{te} + \dfrac{f_t - f_{te}}{\varepsilon_{t1} - \varepsilon_{t0}}\,(\varepsilon - \varepsilon_{t0}) & \varepsilon_{t0} < \varepsilon \leqslant \varepsilon_{sh} \\ \dfrac{f_t}{\varepsilon_{tu} - \varepsilon_t^l}\,(\varepsilon_{tu} - \varepsilon) & \varepsilon > \varepsilon_t^l \end{cases} \tag{3-6}$$

式中，E_s、f_t、f_{te} 分别表示混凝土的弹性模量、抗拉强度和开裂强度，见表 3-2；ε_{t0} 为开裂应变；根据表 3-2 的试验结果，ε_{t1} 表示在极限抗拉强度下的应变，确定为 1.77%；根据图 3-4 的试验结果，ε_{t0} 表示 ECC 完全失去抗拉承载力时的极限应变，确定为 8%。

（5）栓钉连接件：采用 Abaqus 中的非线性弹簧单元模拟栓钉连接件，剪力-剪切滑移关系采用 CEB-FIP 模式规范中的公式，如图 3-15（e）所示。本课题采用 CEB-FIP（2010）推荐的平均值，见式（3-7）和式（3-8）：

$$P = P_{max}(1 - e^{-\alpha_2 \times s})^{a1} \tag{3-7}$$

$$P_{max} = 0.43 A_{us}\sqrt{E_c f_c'} \leqslant 0.7 A_{us} f_u \tag{3-8}$$

式中，P_{max} 表示栓钉的极限抗剪承载力，α_1 和 α_2 为控制栓钉性能的两个比值分别为 0.75 和 1.1。A_{us} 表示栓钉连接件的截面面积；S 表示滑移面面积；f_u 表示栓钉连接件的极限抗拉强度（现行国家标准《钢结构设计标准》规定为 480MPa）。

（6）URSP 连接件：URSP 连接件已由 Nie 等进行过试验，本课题采用模拟试件 CCB-2 中的 URSP 连接件，见式（3-9）：

$$V = \begin{cases} u\,k_{00} & u \leqslant u_0 \\ u_0 k_{00} & u_0 < u \leqslant \dfrac{t_s}{3} \\ u_0 k_{00} + \left(u - \dfrac{t_s}{3}\right)k_{11} & u > \dfrac{t_s}{3} \end{cases} \tag{3-9}$$

式中，u_0 为弹性阶段的长度；k_{00} 为弹性阶段剪切刚度；k_{11} 为间隙闭合后的剪切刚度，t_s 为泡沫厚度。有限元模拟采用 Nie 等的推荐值。

3.4.2 有限元模型验证

图 3-16 为荷载-跨中挠度曲线的试验和有限元模拟结果对比。在图 3-16 中，所建立的有限元模型可以很好地预测初始刚度和整体性能。在图 3-16（a）中，所建立的有限元模型无法预测由于钢腹板和翼缘板之间焊缝断裂，以及翼缘板的局部屈曲而导致的承载能力突减，这是由于在建立的有限元模型中没有模拟断裂。因此，试件极限承载力的有限元模拟结果略高于试验结果。然而，所建立的有限元模型整体计算结果的准确性令人满意。

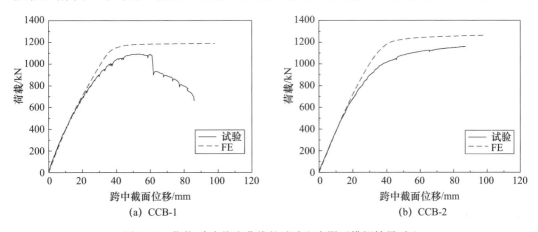

图 3-16 荷载-跨中挠度曲线的试验和有限元模拟结果对比

另外，图 3-17 为跨中钢筋应变的试验和有限元模拟结果对比，图 3-18 为上翼缘板纵向应变的试验和有限元模拟结果对比，图 3-19 为下翼缘板纵向应变的试验和有限元模拟结果对比。根据图 3-17～图 3-19 可以得到以下结论：

（1）有限元模型的精度：有限元模型很好地复现了 2 个试件的应变分布，在对钢筋混凝土板和钢箱梁翼缘板的应变分布模拟上具有足够的精度，如图 3-17、图 3-18、图 3-19 所示。

（2）剪力滞行为：在图 3-17 中，从 2 个试件应变的试验量测结果和有限元模拟结果来看，2 个试件混凝土板的剪力滞效应并不明显。从图 3-18 和图 3-19 可以看出，钢箱梁翼缘板的剪力滞效应非常显著。对于上翼缘板，钢腹板处的应变明显高于其他位置，说明横隔板的设计无法完全避免剪力滞效应的产生。因此，根据有限元模拟结果和试验结果，在设计曲线钢-混凝土组合箱梁时必须考虑钢箱梁的剪力滞效应。而混凝土板的剪力滞效应不显著，在设计中可忽略不计。

（3）URSP 连接件效应：在图 3-17 中，试件 CCB-1 混凝土板中钢筋在极限承载力（P_u）的 80％时的最大拉应变约为 $2500\mu\varepsilon$，而上翼缘板在极限承载力（P_u）的 80％时的最大拉应变约为 $2000\mu\varepsilon$。因此，对比表明，试件 CCB-2 中的 URSP 连接件通过在混凝土和螺栓之间引入初始间隙，能够显著降低混凝土的拉应变。这一效应可以被所建立的有限元模型很好地呈现。因此，这便进一步验证了所建立有限元模型的准确性。

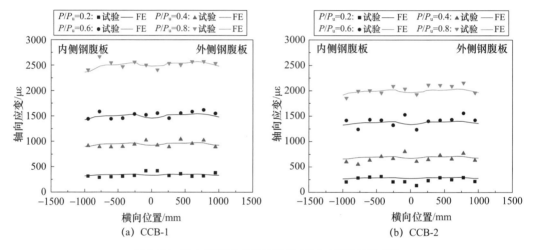

图 3-17　跨中钢筋应变的试验和有限元模拟结果对比

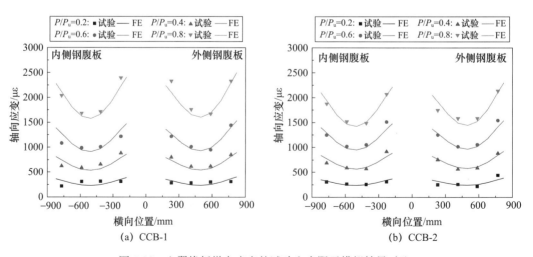

图 3-18　上翼缘板纵向应变的试验和有限元模拟结果对比

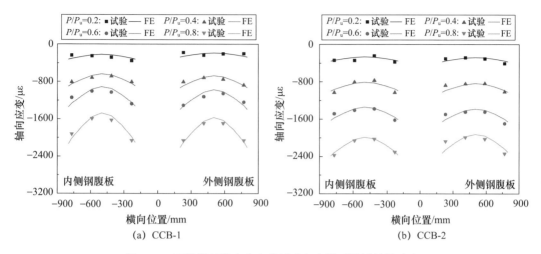

图 3-19　下翼缘板纵向应变的试验和有限元模拟结果对比

3.5　本章小结

本章对 2 种不同类型的混凝土和剪力连接件曲线钢-混凝土组合箱梁进行了静载试验。试件 CCB-1 采用 SFRC 板和栓钉连接件，试件 CCB-2 采用 ECC 板和 URSP 连接件减小混凝土板的开裂宽度。本章报道了试验中的荷载-位移关系曲线、破坏模式、开裂特征和应变测量结果；同时建立了精细有限元模型，很好地预测了整体荷载-位移关系曲线和应变分布。得出以下 4 个结论：

（1）与 SFRC 相比，ECC 材料显著降低了负弯矩区组合梁的裂缝宽度，提高了组合梁的延性和极限承载力。

（2）组合钢箱梁钢腹板在达到极限荷载前未观察到局部屈曲。对于承受负弯矩作用的小曲率梁，2 个试件的受弯临界破坏模式均为顶部钢板的受压屈服和混凝土板钢筋的受拉屈服。

（3）与传统的栓钉连接件相比，URSP 连接件有效地降低了组合梁的界面滑移刚度，提高了界面滑移能力，减小了混凝土裂缝宽度。

（4）所建立的非线性有限元模型很好地预测了混凝土板和钢箱梁的荷载-位移曲线、初始刚度、破坏模式和应变分布。试验结果和有限元结果均表明，混凝土板剪力滞效应不显著，而钢翼缘板剪力滞效应显著。URSP 连接件显著地减小了混凝土板的拉应变。

4 曲线钢-混凝土组合箱梁
长期受力性能试验研究

相对于结构在设计阶段短期的受力行为，由于混凝土收缩徐变效应导致的结构长期受力行为一直是更复杂、更困难的问题。曲线钢-混凝土组合箱梁桥具有自重轻、跨越能力强、抗扭刚度大等优点，已被广泛应用于城市公路立交桥和匝道桥的建设中。目前关于钢-混凝土组合箱梁长期性能的试验研究并不多，关于曲线钢-混凝土组合箱梁长期性能的试验研究则未见报道。本章开展了 5 个曲线钢-混凝土组合箱梁试件的长期受力性能试验研究。试验初始加载龄期为混凝土浇筑后的第 14 天，共持续加载 222 天。试验中测试了竖向挠度、界面滑移、旋转角度，以及混凝土板、钢筋和钢梁的正应变。此外，也在与组合梁试件相同的环境条件下进行了混凝土收缩和徐变效应的材性试验。研究表明，混凝土收缩徐变效应对于组合梁的长期受力性能有显著影响。本试验研究可填补曲线钢-混凝土组合箱梁长期性能试验数据库，并为后续关于曲线钢-混凝土组合箱梁理论和数值模型的研究提供基准。

4.1 曲线钢-混凝土组合箱梁试件的长期受力性能介绍

由于混凝土的收缩徐变特性，曲线钢-混凝土组合箱梁会在运营阶段发生典型的长期下挠，进而会造成混凝土开裂等一系列病害，最终影响结构的正常使用。因此，开展曲线钢-混凝土组合箱梁的长期性能研究是必要的。

试验研究是研究结构受力行为最准确和最有效的方法。目前关于组合梁的试验研究多集中于结构的短期弹塑性受力行为，组合梁混凝土收缩徐变效应引起的长期受力行为的试验研究较少。Bradford 和 Gilbert 对 4 根简支组合梁进行了长期加载试验，指出滑移对挠度发展的影响不十分明显，因而在其推导的组合梁长期性能计算的理论模型中忽略了组合梁的界面滑移效应。Wright 等对 2 根分别由普通混凝土和轻骨料混凝土制成的组合梁进行了长期加载试验研究，结果发现轻骨料混凝土组合梁的挠度小于普通混凝土组合梁的挠度。Gilbert 和 Bradford 对 2 根两跨连续组合梁进行了 340 天的长期性能试验，指出混凝土收缩对连续组合梁的受力性能有重要影响。Xue 等对 2 根预应力简支组合梁和 1 根普通组合梁进行了 1 年的长期加载试验，研究建议预应力组合梁和普通组合梁的长期挠度分别取其短期挠度的 3.1 和 2.0 倍，并且指出组合梁长期挠度与瞬时挠度之比随栓钉间距的增大而增大。Ding 对 13 根钢-混凝土组合梁试件进行了 500 天的长期性能试验研究，研究表明有效预拉力越大，跨中附加变形越小；采用高性能混凝土可以减小组合梁的跨中附加变形，荷载持续作用 500 天时，约减小 40%。2010 年，Fan

等各对 2 根组合梁进行了正弯矩和负弯矩长期加载试验，提出在不同加载条件下应合理采用不同的老化系数，并建立理论模型有效预测了组合梁在正、负弯矩作用下的长期性能。AI-deen 等进行了 3 根组合梁历时 18 个月的长期加载试验，并分别研究了仅收缩作用和收缩徐变共同作用对结构长期性能的影响，以及研究了浇筑混凝土时有无支撑对结构长期性能发展的影响。Liu 等对简支曲线组合 I 形梁的长期受力性能进行了试验研究，监测了曲线组合梁变形与应变随时间变化的规律，指出混凝土的收缩徐变行为对组合梁的长期性能有显著影响。Al-deen 和 Ranzi 通过试验和有限元数值方法，研究了组合梁的混凝土板收缩效应沿梁高的不均匀性，以及收缩应变梯度对结构长期性能的影响。Dai 对 2 根预应力组合连续箱梁和 1 根普通组合连续箱形梁在堆载、收缩徐变和预应力共同作用下的长期受力性能进行了试验研究，并对试验梁的挠度、混凝土应变、预应力损失、支座反力和相对滑移随时间的变化规律进行了测试分析。Huang 等对 2 个组合梁试件进行了为期 223 天的长期加载试验，研究表明混凝土桥面预制拼装技术对于降低组合梁的长期变形有很好的效果。在上述这些关于组合梁长期性能的试验研究中，仅有 Liu 等的研究是关于曲线组合 I 形梁的研究，其余均是直线组合梁在竖向受弯荷载或预应力受压荷载作用下的长期性能试验研究，故无法考虑曲线钢-混凝土组合箱梁特殊弯扭耦合行为的长期发展规律。并且对于桥梁工程中广泛使用的曲线钢-混凝土组合箱梁，其长期性能的试验研究还从未见报道。

本章进行了 5 个曲线钢-混凝土组合箱梁试件的长期受力性能试验研究，5 个试件包括 3 个正向加载的简支曲线组合梁，1 个倒置以模拟负弯矩加载的简支曲线组合梁，以及 1 个连续曲线组合梁，加载共历时 222 天。进行曲线钢-混凝土组合箱梁的长期加载试验，一方面获取结构位移和应变随时间发展的变化曲线，揭示曲线钢-混凝土组合箱梁在混凝土收缩徐变作用下长期性能的变化规律，另一方面补充曲线钢-混凝土组合箱梁长期性能试验研究的数据库。

4.2　试验方案

4.2.1　试样设计

根据《混凝土结构设计标准》（GB/T 50010—2010）共设计了 5 个曲线钢-混凝土组合箱梁试件。它们具有不同的圆心角、栓钉布置、加载方式和边界条件。表 4-1 给出了 5 个试验试件参数。其中，CCB-1 和 CCB-2 为简支曲线组合梁，中心角分别为 45°和 25°，沿梁跨均匀布置 83 排栓钉，剪力连接程度较强；CCB-3 的中心角为 45°，沿梁跨均匀布置 23 排栓钉，剪力连接程度较弱；CCB-4 与 CCB-1 完全相同，但是试验加载时倒置，以模拟负弯矩加载受力工况；CCB-5 为两跨连续曲线组合梁，中心角为 90°，沿梁跨均匀布置 81 排栓钉，剪力连接程度较强。5 个试验梁的基本构造如图 4-1 所示。每个试验梁都是由钢梁和混凝土板通过栓钉连接而成。5 个试验梁的几何尺寸及细节如图 4-2 所示。CCB-1～CCB-4 的跨径（截面中心线在两支座之间的弧长）均为 6200mm，混凝土板宽度为 750mm，厚度为 50mm；开口钢箱梁宽度（两钢腹板间距）为 350mm，高度为 300mm；钢梁下翼缘宽度为 410mm，厚度为 12mm；钢梁上翼缘宽度为

100mm，厚度为 8mm；钢腹板高度为 280mm，厚度为 12mm；沿梁跨等间距布置 7 道横隔板，横隔板厚度为 8mm。CCB-5 跨径为 6800mm，混凝土板宽度为 500mm，厚度为 50mm；开口钢箱梁宽度（两钢腹板间距）为 250mm，高度为 250mm；钢梁下翼缘宽度为 310mm，厚度为 12mm；钢梁上翼缘宽度为 100mm，厚度为 8mm；钢腹板高度为 230mm，厚度为 12mm；沿梁跨等间距布置 9 道横隔板，横隔板厚度为 8mm。所有试件的钢梁上翼缘板焊接栓钉，栓钉直径为 13mm，高度为 40mm；所有试件混凝土板内采用的钢筋直径为 12mm，钢筋间距如图 4-2 所示。图 4-3 为试件的制作过程。

表 4-1　试验试件参数

试件	中心角	剪力连接程度	边界条件	加载方式
CCB-1	45°	较强	简支	常规
CCB-2	25°	较强	简支	常规
CCB-3	45°	较弱	简支	常规
CCB-4	45°	较强	简支	倒置
CCB-5	90°	较强	两跨连续	常规

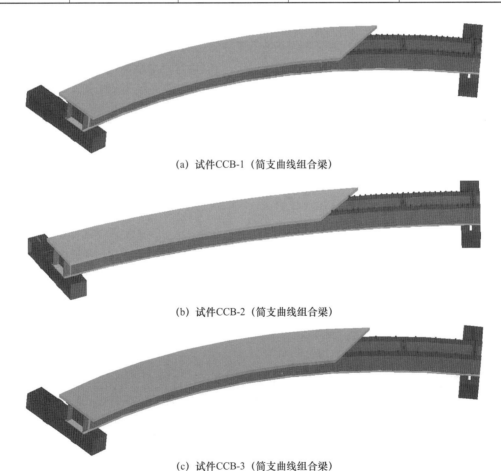

(a) 试件CCB-1（简支曲线组合梁）

(b) 试件CCB-2（简支曲线组合梁）

(c) 试件CCB-3（简支曲线组合梁）

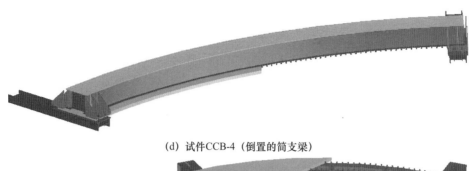

(d) 试件CCB-4（倒置的简支梁）

(e) 试件CCB-5（两跨连续曲线组合梁）

图 4-1　5 个试验梁的基本构造

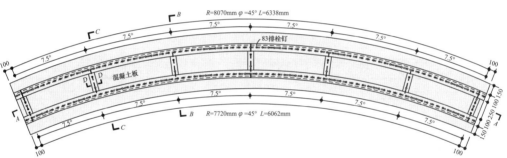

(a) CCB-1和 CCB-4平面图

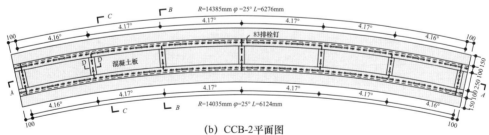

(b) CCB-2平面图

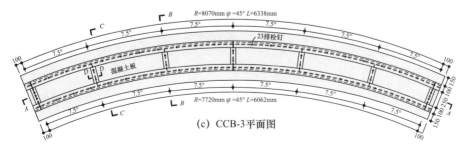

(c) CCB-3平面图

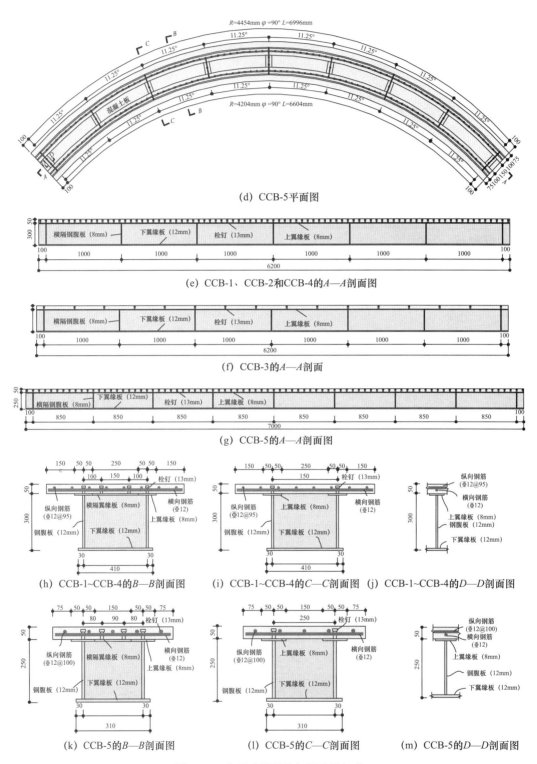

(d) CCB-5平面图

(e) CCB-1、CCB-2和CCB-4的A—A剖面图

(f) CCB-3的A—A剖面

(g) CCB-5的A—A剖面图

(h) CCB-1~CCB-4的B—B剖面图　(i) CCB-1~CCB-4的C—C剖面图　(j) CCB-1~CCB-4的D—D剖面图

(k) CCB-5的B—B剖面图　(l) CCB-5的C—C剖面图　(m) CCB-5的D—D剖面图

图4-2　5个试验梁的几何尺寸及细节

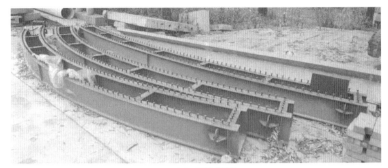

（a）制作钢梁

（b）养护混凝土

（c）绑扎钢筋

（d）制作完成的试件

图 4-3　试件的制造过程

4.2.2　测试设置

曲线钢-混凝土组合箱梁试件通过沙袋进行长期加载试验，如图 4-4 所示。每个试件上沿梁跨均匀放置了 60 个沙袋，共 30kN，可沿梁跨方向等效为施加于混凝土板顶面的均布荷载。在混凝土浇筑后的第 14 天开始长期试验，加载至混凝土浇筑后的第 222 天。即初始加载龄期为 14 天，最终加载龄期为 222 天。试验中温度控制在 18～20℃，湿度控制在 RH＝65％左右。

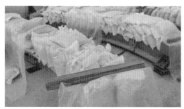

(a) 试验加载现场图　　　(b) CCB-1加载示意图　　　(c) CCB-4加载示意图

图 4-4　曲线钢-混凝土组合箱梁加载试验

所有试件在沙袋堆载作用下的最大弯矩为预估极限弯矩的 10％ 以内，故试件的钢梁和混凝土受压区均处于弹性范围内。对于 CCB-4 较为特殊，混凝土在堆载作用下会出现受拉开裂行为，试验中也观测到了混凝土板的裂缝。

4.2.3　仪表

试验测量指标主要包括应变和位移。图 4-5 为试件 CCB-1 的测试方案，CCB-2～CCB-4 的测试方案与此相同。为测量曲线钢-混凝土组合箱梁的正应变，选择跨中截面和 1/4 跨截面作为控制截面总共布置了 32 个应变计，分别布置在混凝土板顶面、混凝土板内的纵向钢筋、钢梁下翼缘板和钢腹板侧面，如图 4-5 所示；为测量曲线钢-混凝土组合箱梁的竖向挠度和转角，在跨中截面和 1/4 跨截面各布置了 2 个纵向位移传感器，2 个位移传感器分别位于内、外钢腹板的正下方，如图 4-5（e）和图 4-5（f）所示；为测量曲线钢-混凝土组合箱梁的界面纵向滑移，在端部支点截面布置 1 个界面滑移传感器，如图 4-5（a）和图 4-5（d）所示；为测量曲线钢-混凝土组合箱梁的界面横向滑移，在跨中截面布置 2 个界面滑移传感器，如图 4-5（a）和图 4-5（e）所示。

图 4-6 为试件 CCB-5 的测量方案。为测量曲线钢-混凝土组合箱梁的正应变，选择中支点截面、单跨跨中截面作为控制截面总共布置了 24 个应变计，分别布置在混凝土板顶面、混凝土板内的纵向钢筋、钢梁下翼缘板和钢腹板侧面，如图 4-6 所示；为测量曲线钢-混凝土组合箱梁的竖向挠度和转角，在单跨跨中截面布置了 2 个纵向位移传感器，2 个位移传感器分别位于内外钢腹板的正下方，如图 4-6（a）和图 4-6（f）所示；为测量曲线钢-混凝土组合箱梁的界面纵向滑移，在端部支点截面布置 1 个界面滑移传感器，如图 4-6（d）所示；为测量曲线钢-混凝土组合箱梁的界面横向滑移，在单跨跨中截面布置 2 个界面滑移传感器，如图 4-6（a）和图 4-6（f）所示。

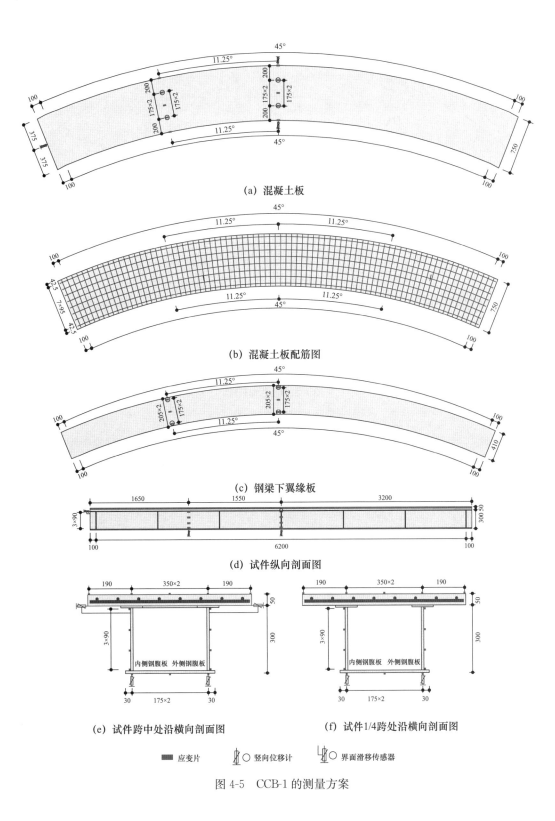

(a) 混凝土板

(b) 混凝土板配筋图

(c) 钢梁下翼缘板

(d) 试件纵向剖面图

(e) 试件跨中处沿横向剖面图　　　　(f) 试件1/4跨处沿横向剖面图

■ 应变片　　　　竖向位移计　　　　界面滑移传感器

图 4-5　CCB-1 的测量方案

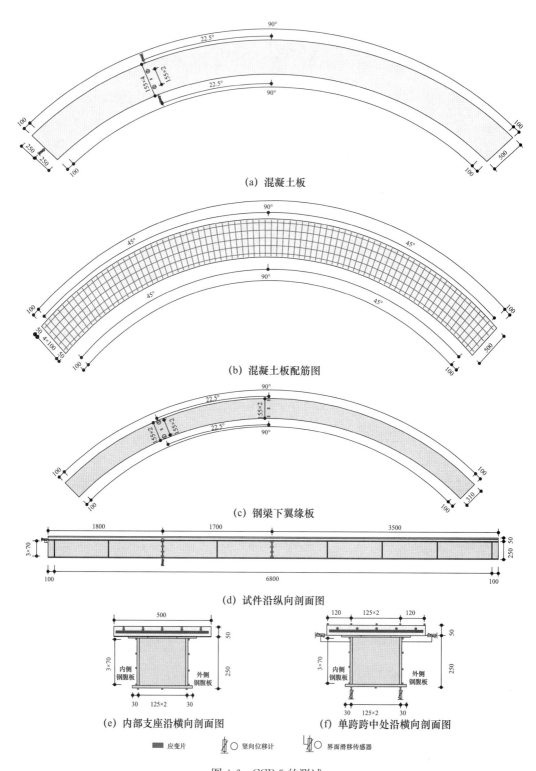

(a) 混凝土板

(b) 混凝土板配筋图

(c) 钢梁下翼缘板

(d) 试件沿纵向剖面图

(e) 内部支座沿横向剖面图　　　(f) 单跨跨中处沿横向剖面图

图 4-6　CCB-5 的测试

4.2.4　材料特性

曲线钢-混凝土组合箱梁试件模型采用 Q345C 的钢材，强度等级为 C50 的混凝土和 HRB335 钢筋。在与试件长期加载试验相同的环境条件下，对混凝土进行了收缩和徐变效应随时间变化的材性试验，如图 4-7 所示。根据《混凝土结构设计标准》（GT/T 50010—2010），选取棱柱体试块尺寸为 $100\text{mm} \times 100\text{mm} \times 300\text{mm}$。徐变效应材性试验中，试块受压荷载取为其受压承载力的 30%。初始加载时间为混凝土浇筑后的第 14 天，最终加载时间为第 365 天，如图 4-8 所示。图 4-8（a）为混凝土的徐变函数与时间的关系曲线，图 4-8（b）为混凝土的收缩应变与时间的关系曲线。

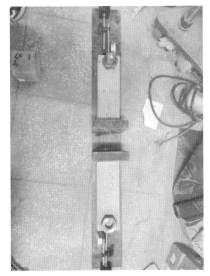　

(a)　收缩试验　　　　　　　　　　　　　　(b)　徐变试验

图 4-7　混凝土随时间变化的材性试验

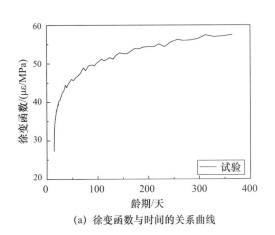　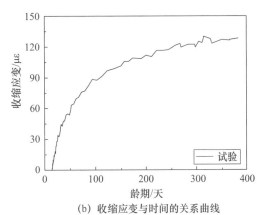

(a)　徐变函数与时间的关系曲线　　　　　　(b)　收缩应变与时间的关系曲线

图 4-8　混凝土随时间变化的材料特性

4.3 试验结果

4.3.1 挠度

图 4-9～图 4-13 分别给出了试件 CCB-1～CCB-5 的挠度随时间的发展变化。图 4-9 (a) ～图 4-12 (a) 分别为试件 CCB-1～CCB-4 的跨中截面的挠度发展，图 4-9 (b) ～图 4-12 (b) 分别为试件 CCB-1～CCB-4 的 1/4 跨截面的挠度发展。图 4-9～图 4-13 中竖向挠度等于内外钢腹板下方位移计测量值的平均值，由此可以看出从初始加载到最终加载结束，竖向挠度显著增长，但增长速度随时间发展变慢。通过试件 CCB-1 和试件 CCB-2 竖向挠度的对比，可知加载结束时圆心角 45°试件 CCB-1 比圆心角 25°试件 CCB-2 的竖向挠度大 11%～12%。通过试件 CCB-1 和试件 CCB-3 竖向挠度的对比，可知加载结束时弱剪力连接试件 CCB-3 比强剪力连接试件 CCB-1 的竖向挠度大 1.4%左右。尽管试件 CCB-4 和试件 CCB-1 几何尺寸与材料参数完全相同，但 CCB-4 将试件倒置模拟组合梁负弯矩区加载的受力性能。由于在堆载作用下混凝土板受拉开裂，故试件 CCB-4 的刚度被削弱，小于试件 CCB-1 的刚度，故试件 CCB-4 的竖向挠度明显大于试件 CCB-1 的竖向挠度。对于试件 CCB-5，由于为两跨连续梁结构，竖向约束很强，故其挠度较小。

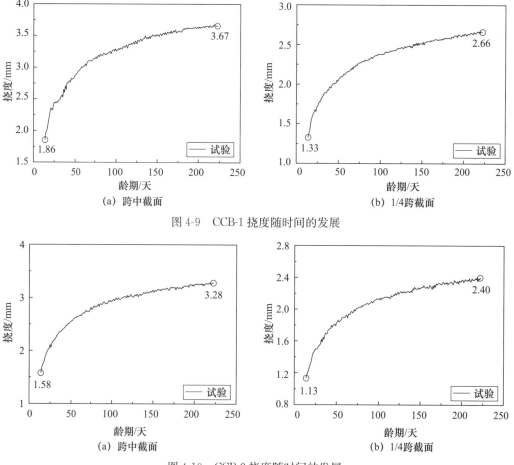

(a) 跨中截面   (b) 1/4跨截面

图 4-9 CCB-1 挠度随时间的发展

(a) 跨中截面   (b) 1/4跨截面

图 4-10 CCB-2 挠度随时间的发展

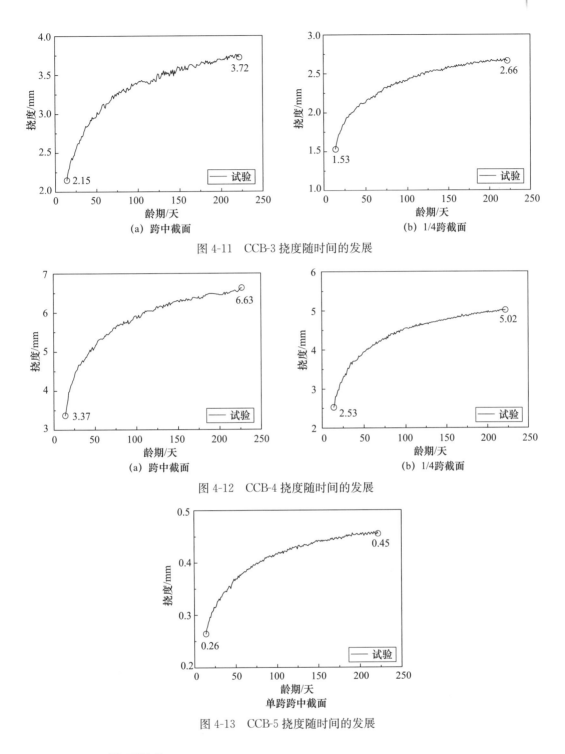

(a) 跨中截面　　　　　　　　　　　(b) 1/4跨截面

图 4-11　CCB-3 挠度随时间的发展

(a) 跨中截面　　　　　　　　　　　(b) 1/4跨截面

图 4-12　CCB-4 挠度随时间的发展

单跨跨中截面

图 4-13　CCB-5 挠度随时间的发展

4.3.2　界面滑移

图 4-14~图 4-18 分别给出了试件 CCB-1~CCB-5 的界面滑移随时间的发展变化。图 4-14（a）~图 4-18（a）分别为试件 CCB-1~CCB-5 的端部截面的界面纵向滑移发展，图 4-14（b）~图 4-18（b）分别为试件 CCB-1~CCB-5 跨中截面的界面横向滑移发展。

由此可以看出从初始加载到最终加载结束，界面滑移显著减小，但减小速度随时间发展变慢。通过试件 CCB-1 和试件 CCB-2 界面滑移的对比，可知圆心角 45°试件 CCB-1 比圆心角 25°试件 CCB-2 的界面滑移大很多。通过试件 CCB-1 和试件 CCB-3 界面滑移的对比，剪力连接程度显著影响滑移大小，可知弱剪力连接试件 CCB-3 的界面滑移远大于强剪力连接试件 CCB-1 的界面滑移。试件 CCB-4 由于混凝土受拉开裂，其界面滑移也明显大于试件 CCB-1 的界面滑移。

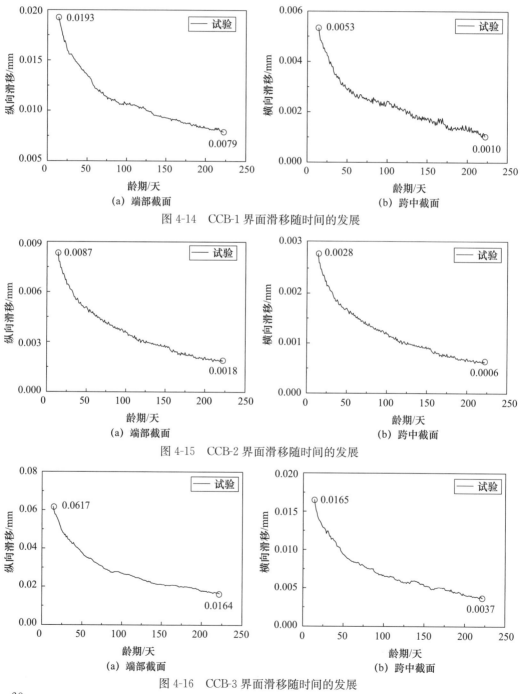

图 4-14　CCB-1 界面滑移随时间的发展

图 4-15　CCB-2 界面滑移随时间的发展

图 4-16　CCB-3 界面滑移随时间的发展

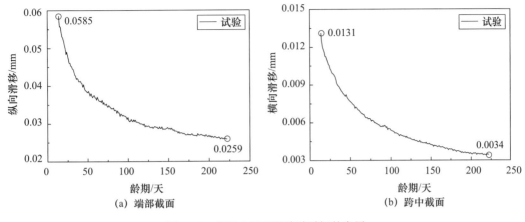

(a) 端部截面　　　　　　　　　(b) 跨中截面

图 4-17　CCB-4 界面滑移随时间的发展

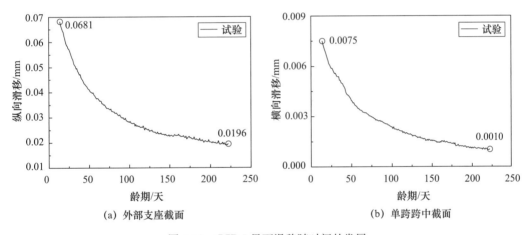

(a) 外部支座截面　　　　　　　(b) 单跨跨中截面

图 4-18　CCB-5 界面滑移随时间的发展

4.3.3　旋转角度

图 4-19～图 4-23 分别给出了试件 CCB-1～CCB-5 的旋转角度随时间的发展变化。图 4-19（a）～图 4-22（a）分别为试件 CCB-1～CCB-4 的跨中截面的旋转角度发展，图 4-19（b）～图 4-22（b）分别为试件 CCB-1～CCB-4 的 1/4 跨截面的旋转角度发展。图 4-19～图 4-23 中的旋转角度等于内外钢腹板下方位移计测量值差值与内外钢腹板间距的比值。由此可以看出从初始加载到最终加载结束，旋转角度显著增长，但增长速度随时间发展变慢。不同试件的旋转角度差别所呈现的规律也基本与不同试件的竖向挠度差别规律相一致。

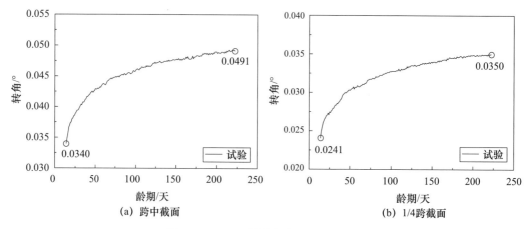

(a) 跨中截面   (b) 1/4跨截面

图 4-19　CCB-1 旋转角度随时间的发展

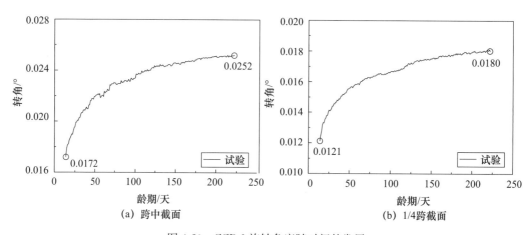

(a) 跨中截面   (b) 1/4跨截面

图 4-20　CCB-2 旋转角度随时间的发展

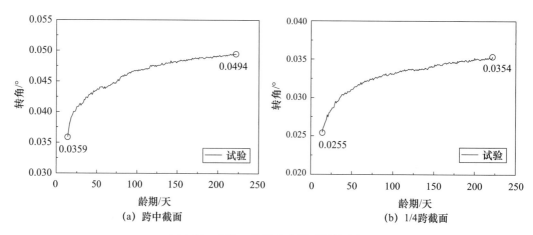

(a) 跨中截面   (b) 1/4跨截面

图 4-21　CCB-3 旋转角度随时间的发展

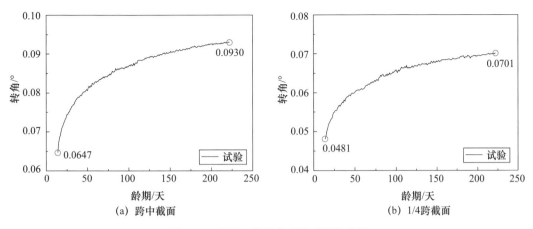

(a) 跨中截面　　　　　　　　　　(b) 1/4跨截面

图 4-22　CCB-4 旋转角度随时间的发展

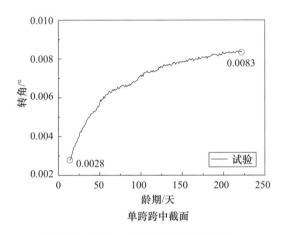

单跨跨中截面

图 4-23　CCB-5 旋转角度随时间的发展

4.3.4　拉紧

图 4-24～图 4-28 给出了试件 CCB-1～CCB-5 的正应变沿截面的分布，其中对于试件 CCB-4 顶板的正应变和试件 CCB-5 顶板在中支点截面的正应变为钢筋应变的监测结果，其余结果均为混凝土板应变的监测结果。由图 4-24～图 4-28 可知，截面的应变分布沿梁高方向接近直线分布；应变沿梁宽方向不均匀，这是约束扭转和畸变行为所导致的。

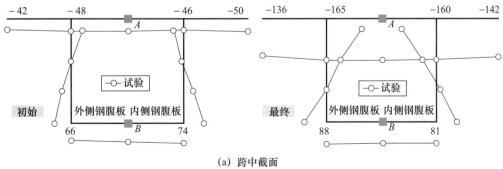

(a) 跨中截面

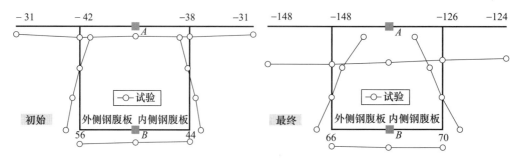

(b) 1/4跨截面

图 4-24 CCB-1 的正应变分布

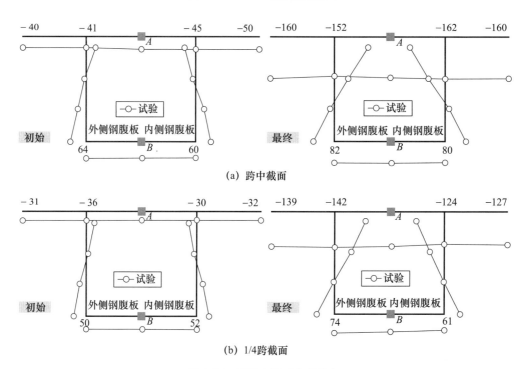

(a) 跨中截面

(b) 1/4跨截面

图 4-25 CCB-2 的正应变分布

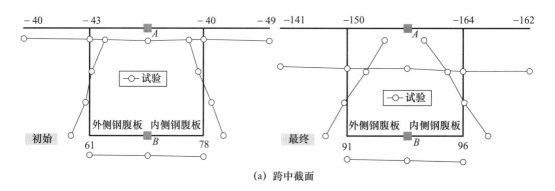

(a) 跨中截面

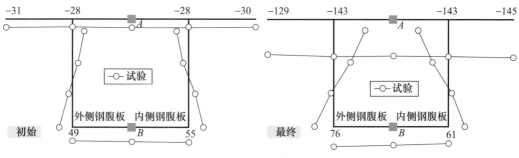

(b) 1/4跨截面

图 4-26　CCB-3 的正应变分布

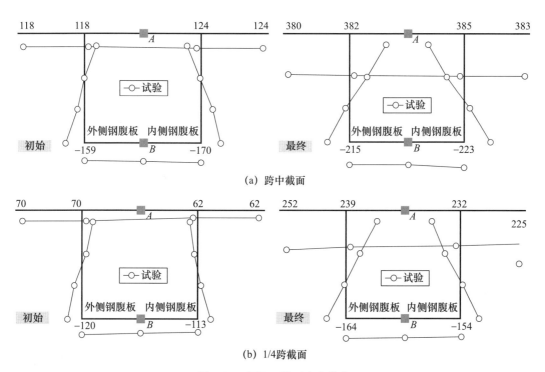

(a) 跨中截面

(b) 1/4跨截面

图 4-27　CCB-4 的正应变分布

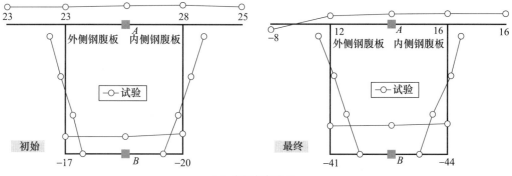

(a) 内部支座截面

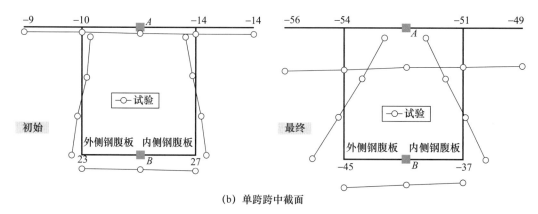

（b）单跨跨中截面

图 4-28　CCB-5 的正应变分布

图 4-29～图 4-33 给出了试件 CCB-1～CCB-5 特征位置的正应变随时间变化曲线。应变随时间变化曲线尽管呈现一定波动，但变化趋势非常明显。由图 4-29～图 4-33 可知随时间发展应变变化逐渐减慢。混凝土自身发生收缩徐变行为，故混凝土板应变变化显著；混凝土的收缩徐变效应引起钢梁的应变和应力重分布，故钢梁翼缘板应变随时间变化幅度明显小于混凝土板应变随时间变化幅度。对于试件 CCB-4 和试件 CCB-5 的钢筋应变监测结果，钢筋应变随时间变化显著，其变化幅度大于相应截面的钢梁翼缘板应变变化幅度。

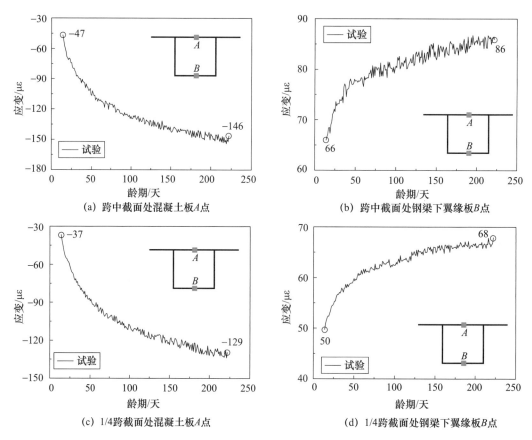

图 4-29　CCB-1 正应变随时间的发展

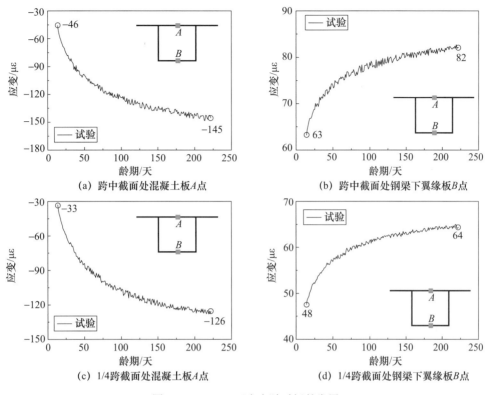

(a) 跨中截面处混凝土板A点

(b) 跨中截面处钢梁下翼缘板B点

(c) 1/4跨截面处混凝土板A点

(d) 1/4跨截面处钢梁下翼缘板B点

图 4-30　CCB-2 正应变随时间的发展

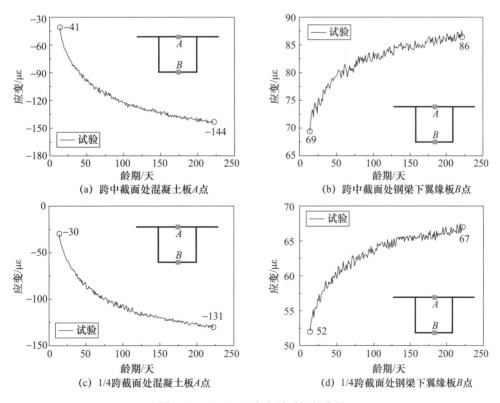

(a) 跨中截面处混凝土板A点

(b) 跨中截面处钢梁下翼缘板B点

(c) 1/4跨截面处混凝土板A点

(d) 1/4跨截面处钢梁下翼缘板B点

图 4-31　CCB-3 正应变随时间的发展

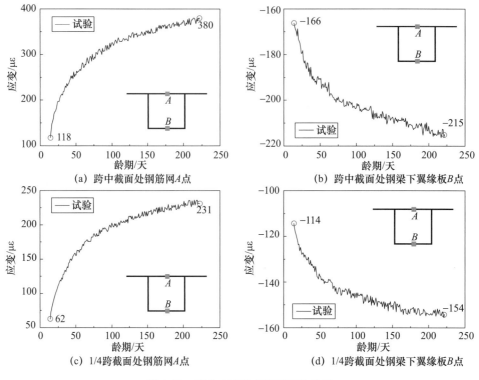

图 4-32 CCB-4 正应变随时间的发展

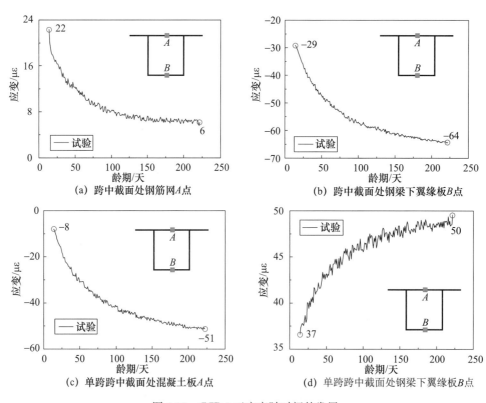

图 4-33 CCB-5 正应变随时间的发展

4.4　本章小结

本章进行了 5 个曲线钢-混凝土组合箱梁的长期性能试验研究。试验加载共历时 222 天。试验获得了曲线钢-混凝土组合箱梁试件的挠度、转角、界面滑移和应变随时间发展的变化规律。此外也在与结构试件相同的环境条件下进行了混凝土试块的材性试验，以测量收缩应变和徐变函数随时间的变化曲线。试验研究表明混凝土的收缩徐变效应对于曲线钢-混凝土组合箱梁的长期受力性能有显著影响，具体得到了如下结论：

（1）曲线钢-混凝土组合箱梁的竖向挠度和旋转角度随时间发展不断增大，界面纵向和横向滑移随时间发展不断减小，但变化速度均随时间增长不断被削弱。

（2）负弯矩加载导致混凝土板开裂，故结构刚度受到削弱，试件 CCB-4 的竖向挠度，界面滑移和旋转角度均显著大于试件 CCB-1。

（3）曲线钢-混凝土组合箱梁的截面应变分布沿梁高方向接近直线分布；受约束扭转和畸变行为的影响，应变沿梁宽方向不均匀。

（4）因为混凝土发生收缩徐变行为，应变显著发生变化，进而引起钢梁的应变和应力重分布，故混凝土板应变随时间变化幅度明显大于钢梁应变变化幅度。

本试验研究结果可填充曲线钢-混凝土组合箱梁长期受力性能试验数据库，同时为后续关于曲线钢-混凝土组合箱梁理论模型和数值模型的研究提供基准。

5 曲线钢-混凝土组合箱梁考虑扭转、畸变和双向滑移的 22 个自由度有限梁单元

本章对曲线钢-混凝土组合箱梁的力学性能进行了试验研究和数值分析。首先，建立了 2 节点 22 个自由度的曲线钢-混凝土组合箱梁的理论模型。理论模型中的未知函数包括纵向位移、横向位移、竖向挠度、扭转角、畸变角以及钢梁-混凝土板界面间的纵向和横向滑移。基于虚功原理，采用有限元空间离散化方法，得到了曲线钢-混凝土组合箱梁的刚度矩阵、节点位移矩阵和外部荷载矩阵。之后开展了 3 个具有不同界面剪力连接刚度和不同圆心角的曲线钢-混凝土组合箱梁的试验研究。采用提出的有限梁单元模型、精细有限元模型计算试验梁受力行为，并和试验结果进行对比。结果表明提出的有限梁单元在预测试件的挠度、扭转角以及应变分布方面具有足够精度。最后基于提出的有限梁单元模型，研究初曲率、横隔板数量以及界面连接刚度对曲线钢-混凝土组合箱梁受力行为的影响。计算结果表明，初曲率和界面剪力连接刚度对曲线钢-混凝土组合箱梁的位移和应力影响显著。随着剪力连接刚度的增加，曲线钢-混凝土组合箱梁的位移和应力明显减小。基于参数分析结果，建议将简支曲线组合箱梁的圆心角限制在 45°以内，应采用数量较多的横隔板以及将结构设计为完全剪力连接。

5.1 曲线钢-混凝土组合箱梁中普遍存在截面扭转翘曲和畸变翘曲介绍

近年来，随着交通荷载的迅速增加，大量的城市立交桥和高架桥被快速地设计和建造。与传统的钢筋-混凝土梁相比，钢-混凝土组合箱梁能显著地减少自重，加强跨越能力并减少施工时间。因此，在城市桥梁和高架桥的设计与建造中，组合梁被广泛采用。与传统的钢筋-混凝土梁相比，钢-混凝土组合箱梁的抗扭刚度和承载力得到了显著提升，因而更适用于曲线钢-混凝土组合箱梁。与自重不能产生扭矩的直线钢-混凝土组合箱梁相比，曲线钢-混凝土组合箱梁的质量中心不在支座的连线上。因此，曲梁承受相当大的弯扭耦合荷载。在曲线钢-混凝土组合箱梁中普遍存在截面扭转翘曲和畸变翘曲。除此之外，在曲线钢-混凝土组合箱梁的分析和设计中，必须考虑到钢梁-混凝土板间的界面双向滑移。

对于曲线钢-混凝土组合箱梁的数值模拟，采用壳单元和实体单元建立的精细有限元模型可以准确地考虑曲线钢的空间传力机制。然而，由于精细有限元模型的建模方法复杂，模拟效率低，因此曲线钢组合梁的设计首选梁单元，尤其是在初步设计阶段。数十年来，研究者已经基于 Vlasov 梁引入了新的自由度来考虑扭转和畸变翘曲以及空间组合弯曲荷载的影响。目前针对曲线钢-混凝土组合箱梁的研究主要集中在工字型钢-混

凝土组合梁，而对箱梁的研究较少。对梁单元模型的研究可以总结如下：Giussani 和 Mola 采用梁单元研究了在忽略钢梁-混凝土桥面板界面滑移的情况下曲线钢-混凝土组合梁的长期性能；已经发表过关于组合截面的时变应力、应变以及组合梁结构性能的研究。Chang 和 White 研究了曲线组合梁在建模方法上的一些局限性，并利用实体单元模型和梁单元模型开展了有限元模拟；文中还讨论了钢腹板变形、支撑高度和荷载高度以及钢梁与混凝土桥面板位移协调等关键建模细节的影响。Erkmen 和 Bradford 对组合梁的平面内抗弯特性进行了有限元模拟，并提出了考虑几何非线性的三维弹性拉格朗日公式；文中还讨论了初曲率、几何非线性和界面滑移对组合梁的影响。Adamakosa 等提出了一种使用等效空间桁架系统模拟工字型钢-混凝土组合梁的方法，并将该模型与传统有限元模型的模拟结果进行了对比。Liu 等提出了一种数值方法来模拟考虑了混凝土收缩、混凝土徐变、几何非线性、初曲率和耦合作用的曲线组合梁的非线性时变效应。综上所述，现有的数值模型没有同时考虑扭转翘曲、畸变翘曲和双向滑移效应。

对曲线钢-混凝土组合箱梁开展的试验研究如下：Thevendran 等对 5 个曲线钢-混凝土组合箱梁进行了足尺试验，试验结果表明，曲线钢-混凝土组合箱梁的极限承载力随跨度与曲率半径之比而降低。Tan 和 U 对 8 根曲线组合梁施加集中荷载，研究了其极限承载力。Liu 对 1 根受 250 天长期均布荷载的曲线组合梁开展了试验；试验结果表明，徐变和收缩效应对曲线组合梁的长期性能有显著影响。Lin 和 Yod 对负弯矩作用下的直梁和曲梁进行试验和数值研究；试验对比了乳胶喷涂界面、不同的剪力连接件以及初曲率对组合梁开裂性能的影响；此外，建立了三维有限元模型来预测试验的结果。

图 5-1 为曲线钢-混凝土组合箱梁的变形分量。由图 5-1 可知，除了弯曲变形和剪切变形，曲线钢-混凝土组合箱梁的变形分量还包括约束扭转翘曲变形、畸变变形以及双向界面滑移。与工字型曲线钢-混凝土组合梁相比，现有的文献中关于曲线钢-混凝土组合箱梁的传力机制及数值模拟的研究较少。Seguraand 和 Armengau 提出了一种用来模拟曲线组合梁受弯时的正应力和剪应力的数值模型。Piovan 和 Cortinez 提出了一种新的理论模型，将全剪切变形概念纳入梁模型中，适用于闭口和开口截面的曲线组合梁。Nie 和 Zhu 基于剪力柔性梁格理论提出用于模拟组合箱型梁的杆系模型，并且利用试验和精细的有限元模型验证了所提出的模型的准确性。但是，上述研究没有考虑到钢梁与混凝土桥面板之间的界面双向滑移。此外，Nagai 和 Yoo 对曲线组合梁的扭转和畸变特性进行了理论分析；分析结果表明，扭转翘曲应力和畸变翘曲应力占总应力的比例可达 34%。因此，在曲线组合箱梁的设计中，扭转翘曲应力和畸变翘曲应力不可忽略。

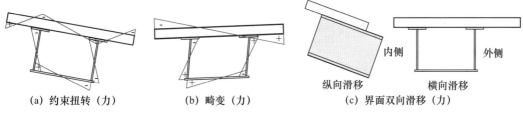

（a）约束扭转（力） （b）畸变（力） （c）界面双向滑移（力）

图 5-1 曲线钢-混凝土组合箱梁的变形分量

针对这些问题，本章在已有研究的基础上增加了新的自由度，并提出了曲线钢-混凝土组合箱梁考虑约束扭转、畸变、界面双向滑移的 22 个自由度有限梁单元。本章介绍了 3 个曲线钢-混凝土组合箱梁的试验结果，并且通过试验结果验证了所开发的梁单元的准确性。此外，还研究了钢-混凝土组合箱梁的初始曲率、横隔板数量和剪力连接刚度等关键因素对结构受力性能的影响。因此，本研究建立的一种高效、简洁的模拟方法可用于曲线钢-混凝土组合箱梁的设计。

5.2 曲线钢-混凝土组合箱梁的 22 个自由度有限梁单元

5.2.1 模型假设

本研究在建立曲线钢-混凝土组合箱梁的理论模型时提出的 6 个假设如下：

（1）混凝土板为矩形截面形式和钢梁为单箱形式，混凝土板和钢梁在任意点的挠曲率完全一致；

（2）忽略钢梁和混凝土板的界面分离；

（3）曲线钢-混凝土组合箱梁的中心线为圆弧；

（4）钢梁和混凝土板之间的剪力连接件的受力状态均处于弹性；

（5）忽略畸变效应引起的剪应力；

（6）忽略剪切变形。

图 5-2 为曲线钢-混凝土组合箱梁理论模型的坐标系。建立的柱坐标系 $oxyz$ 通过曲线钢-混凝土组合箱梁的中心线。图 5-2 中，o 为截面质心，S 为截面扭转中心，D 为截面畸变中心，ox 轴为横向，oz 轴为纵向，oy 轴为竖向，s 轴和 n 轴分别表示截面各板件的切向和法向。曲线钢-混凝土组合箱梁的几何参数如图 5-2 所示。为简化推导，可按 AISC 的建议将混凝土板转化为等效钢板。通过对混凝土桥面板宽度和高度的转化分别得到了其弯曲性能以及扭转和畸变性能。

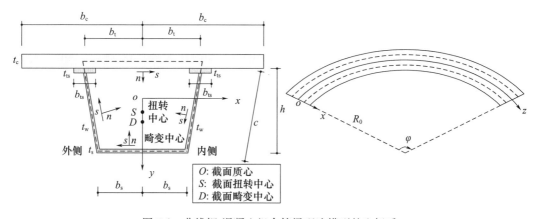

图 5-2　曲线钢-混凝土组合箱梁理论模型的坐标系

5.2.2 开发的有限梁单元的自由度

在提出的曲线钢-混凝土组合箱梁理论模型中采用如下的 8 个未知函数，如图 5-2 所示：

（1）平动位移分量：在曲线钢-混凝土组合箱梁的梁中心处定义横向位移 $u(z)$、挠度 $v(z)$ 和纵向位移 $w(z)$。

（2）转角：$\theta(z)$ 和 $\theta_d(z)$ 分别代表相对于扭转中心的扭转角和相对于畸变中心的畸变角。

（3）双向滑移：Ω_z 代表纵向滑移函数，Ω_x 代表横向滑移函数。

（4）扭转翘曲强度：$b(z)$ 表示横截面的扭转翘曲强度。

根据上面的 8 个未知函数，z 截面处板坐标 s 的纵向位移表示成 $W_{zk}(z, s)$。除此之外，每一块板件的切向位移和径向位移分别表示为 $W_{sk}(z, s)$ 和 $W_{nk}(z, s)$。下述的 3 个位移分量表示见式（5-1）～式（5-3）：

$$W_{zk}(z, s) = w - (u' + wk_0)x - v'y + a_k\Omega_z - \omega(x, y)(\beta + v'k_0) - \omega_d(x, y)\theta_d' \tag{5-1}$$

$$W_{sk}(z, s) = -(u + a_k\Omega_x)\sin\alpha - v\cos\alpha + \theta\rho_s + \theta_d D_s \tag{5-2}$$

$$W_{nk}(z, s) = (u + a_k\Omega_x)\cos\alpha - v\sin\alpha - \theta\rho_n - \theta_d D_n \tag{5-3}$$

式中导数通过对 z 坐标求导计算得到；k 的取值在 c 到 s 之间变化，其中 c 表示混凝土板，s 表示钢箱梁；k_0 为箱梁设计的初始曲率，等于 $1/R_0$，其中 R_0 为箱梁的初始曲率半径；α 是 x 轴和 n 轴之间的夹角；$\omega(x, y)$ 是扭转极坐标，$\omega_d(x, y)$ 是畸变极坐标；ρ_s 和 ρ_n 为单位扭转角下切向位移和法向位移的形函数；D_s 和 D_n 分别表示单位扭转角下切向位移函数和法向位移函数；ρ_s、ρ_n、D_s、和 D_n 的详细表达式参照已有的研究。对于钢板和混凝土板，参数 a_k 取值分别为 1 和 -1。钢-混凝土界面处的总滑移见式（5-4）和式（5-5）。

$$u_{sp} = 2\Omega_x \tag{5-4}$$

$$w_{sp} = 2\Omega_z \tag{5-5}$$

式中，u_{sp} 和 w_{sp} 分别表示横向和纵向的界面滑移。

根据式（5-1）～式（5-5），得到了表征考虑梁宽度方向曲率变化的正应变表达式，见式（5-6）。

$$\begin{aligned}\varepsilon_{pk} &= \frac{\partial W_{zk}}{\partial z} + \frac{W_s\sin\alpha}{R_0} - \frac{W_n\cos\alpha}{R_0} \\ &= w' - xu'' - yv'' + a_k\Omega_z' - k_0 u - k_0 xw' - a_k k_0\Omega_x + k_0(y - y_s)\theta - \omega(\beta' + k_0 v'') + k_0(y - y_d)\Psi_d\theta_d - \omega_d\theta_d''\end{aligned} \tag{5-6}$$

式中，$w' - xu'' - yv'' + a_k\Omega_z'$ 表征由弯矩、轴向荷载以及界面滑移引起的正应变，第二部分 $-k_0 u - k_0 xw' - a_k k_0\Omega_x$ 表征由初曲率引起的正应变，第三部分 $k_0(y - y_s)\theta - \omega(\beta' + k_0 v'')$ 表征由扭转翘曲引起的正应变，第四部分 $k_0(y - y_d)\Psi_d\theta_d - \omega_d\theta_d''$ 表征畸变产生的正应变。

根据式（5-1）～式（5-5），每一点的剪应变见式（5-7）和式（5-8）。

$$\gamma_{pk} = (\theta' + v'k_0)r^* - (\beta + v'k_0)\frac{\partial\omega}{\partial s} \tag{5-7}$$

$$\frac{\partial\omega}{\partial s} = r^* - \frac{\Omega}{t\oint(ds/t)} \tag{5-8}$$

式中，r^* 表征扭转中心到板的任意一点 P 的距离；Ω 为周边所围面积的 2 倍；t 为板厚。

对式（5-7），$(\theta'+v'k_0)r^*$ 为扭转产生的剪应变，$-(\beta+v'k_0)\partial\omega/\partial s$ 为扭转翘曲产生的剪应变。

5.2.3 虚功原理

在本节中，对曲线钢-混凝土组合箱梁的虚功原理推导见式（5-9）。

$$\delta\Pi=\iint\limits_{L\,A_s}\delta\boldsymbol{\varepsilon}_s^T\boldsymbol{\sigma}_s\mathrm{d}a\mathrm{d}z+\iint\limits_{L\,A_c}\delta\boldsymbol{\varepsilon}_c^T\boldsymbol{\sigma}_c\mathrm{d}a\mathrm{d}z+\iint\limits_{L\,2b_{ts}}\delta\mathbf{d}_{slip}^T\boldsymbol{q}_{sh}\mathrm{d}x\mathrm{d}z+$$

$$\int\limits_{L}\delta\theta_d\mathrm{K}_R\theta_d\mathrm{d}z-\sum\delta\boldsymbol{W}^T\boldsymbol{Q}-\int\limits_{L}\delta\boldsymbol{W}^T\boldsymbol{q}\mathrm{d}z=0$$

$$\forall\,\delta\boldsymbol{\varepsilon_s},\delta\boldsymbol{\varepsilon_c},\delta\boldsymbol{d}_{slip},\delta\vartheta_d,\delta\boldsymbol{W} \tag{5-9}$$

式中，A_s 和 A_c 分别表示钢梁和混凝土板的截面面积，L 为梁的总跨长；$\iint\limits_{L\,A_s}\delta\boldsymbol{\varepsilon}_s^T\boldsymbol{\sigma}_s\mathrm{d}a\mathrm{d}z$ 和

$\iint\limits_{L\,A_c}\delta\boldsymbol{\varepsilon}_c^T\boldsymbol{\sigma}_c\mathrm{d}a\mathrm{d}z$ 分别为由钢梁和混凝土板变形引起的虚功。钢梁和混凝土板的应变可表述如式（5-10）所示。

$$\boldsymbol{\varepsilon}_k=\boldsymbol{SB}_k\boldsymbol{d} \tag{5-10}$$

应变-位移矩阵 $\boldsymbol{B}_k$ 见附录 A，形函数矩阵 $\boldsymbol{S}$ 以及位移列向量 $\boldsymbol{d}$ 的推导见式（5-11）～式（5-19）。

$$\boldsymbol{S}=\begin{bmatrix}1 & x & y & \omega & \omega_d & 0 & 0\\ 0 & 0 & 0 & 0 & 0 & r^* & \dfrac{\partial\omega}{\partial s}\end{bmatrix} \tag{5-11}$$

$$\boldsymbol{d}=\{[\boldsymbol{u}]\quad[\boldsymbol{v}]\quad[\boldsymbol{w}]\quad[\boldsymbol{\theta}]\quad[\boldsymbol{\beta}]\quad[\boldsymbol{\theta_d}]\quad[\boldsymbol{\Omega}]\}^T \tag{5-12}$$

$$[\boldsymbol{u}]=(u\quad u'\quad u'') \tag{5-13}$$

$$[\boldsymbol{v}]=(v\quad v'\quad v'') \tag{5-14}$$

$$[\boldsymbol{w}]=(w\quad w') \tag{5-15}$$

$$[\boldsymbol{\theta}]=(\theta\quad\theta') \tag{5-16}$$

$$[\boldsymbol{\beta}]=(\beta\quad\beta') \tag{5-17}$$

$$[\boldsymbol{\theta_d}]=(\theta_d\quad\theta_d{}'\quad\theta_d{}'') \tag{5-18}$$

$$[\boldsymbol{\Omega}]=(2\Omega_x\quad2\Omega_x{}'\quad2\Omega_z\quad2\Omega_z{}') \tag{5-19}$$

理论模型主要用于曲线钢-混凝土组合箱梁弹性阶段的模拟，且钢梁和混凝土板的弹性本构模型见式（5-20）：

$$\boldsymbol{\sigma}_k=\begin{Bmatrix}\sigma_k\\\tau_k\end{Bmatrix}=\begin{bmatrix}E_k & 0\\0 & G_k\end{bmatrix}\begin{Bmatrix}\varepsilon_k\\\gamma_k\end{Bmatrix}=\boldsymbol{E}_k\boldsymbol{\varepsilon}_k \tag{5-20}$$

式中，σ_k 和 τ_k 为正应力和切应力；E_k 为弹性模量；G_k 为剪切模量。

由以上公式计算得到钢梁和混凝土板的内虚功。

式（5-9）中，$\iint\limits_{L\,2b_{ts}}\delta\boldsymbol{d}_{slip}^T\boldsymbol{q}_{sh}\mathrm{d}x\mathrm{d}z$ 表征由钢梁和混凝土板界面滑移引起的内虚功。滑移矩阵 $\boldsymbol{d}_{slip}$ 见式（5-21）：

$$d_{\text{slip}} = \{ u_{\text{sp}} \quad w_{\text{sp}} \}^{\text{T}} = \boldsymbol{B}_{\Omega} \boldsymbol{d} \tag{5-21}$$

式中，应变-位移矩阵 $\boldsymbol{B}_{\Omega}$ 见附录 A。

本研究中的剪力连接件假设处于弹性受力状态。此外，为了简化推导，假设连接件在界面处均匀分布。界面单位面积上的剪力矩阵 $\boldsymbol{q}_{\text{sh}}$ 的推导见式（5-22）：

$$q_{\text{sh}} = \{ q_{\text{us}} \quad q_{\text{ws}} \}^{\text{T}} = \begin{bmatrix} \rho_{\text{u}} & 0 \\ 0 & \rho_{\text{w}} \end{bmatrix} \begin{Bmatrix} u_{\text{sp}} \\ w_{\text{sp}} \end{Bmatrix} = \boldsymbol{\rho}_{\text{slip}} \boldsymbol{d}_{\text{slip}} \tag{5-22}$$

式中，q_{us} 和 q_{ws} 分别为横向和纵向上的界面单位面积上的剪力；$\boldsymbol{\rho}_{\text{slip}}$ 是一个二维矩阵；ρ_{u} 和 ρ_{w} 分别为剪力连接件在界面单位面积上的横向和纵向上的剪力连接刚度。

根据式（5-21）和式（5-22），计算得到钢梁和混凝土板的内虚功。

式（5-9）中，$\int_L \delta\theta_{\text{d}} K_{\text{R}} \theta_{\text{d}} \text{d}z$ 为畸变引起的内虚功，可由文献中的计算公式得到。$-\Sigma \delta \boldsymbol{W}^{\text{T}} \boldsymbol{Q}$ 为由集中荷载向量 $\boldsymbol{Q}$ 引起的外虚功，$-\int_L \delta \boldsymbol{W}^{\text{T}} \boldsymbol{q} \text{d}z$ 为由分布荷载向量 $\boldsymbol{q}$ 引起的外虚功。$\boldsymbol{W}$ 为整体坐标系下位移列向量。矩阵 $\boldsymbol{W}$ 的推导见式（5-23）～式（5-30）。

$$\boldsymbol{W} = \{ W_{\text{n}} \quad W_{\text{s}} \quad W_{z} \}^{\text{T}} = \boldsymbol{H}_1 \boldsymbol{D} + \boldsymbol{H}_2 \boldsymbol{D}' \tag{5-23}$$

$$[\boldsymbol{H}_1]_{3\times 8} = \{ [\boldsymbol{A}_1]^{\text{T}} \quad [\boldsymbol{A}_2]^{\text{T}} \quad [\boldsymbol{A}_3]^{\text{T}} \}^{\text{T}} \tag{5-24}$$

$$[\boldsymbol{H}_2]_{3\times 8} = \{ [\boldsymbol{0}]_{1\times 8} \quad [\boldsymbol{0}]_{1\times 8} \quad [\boldsymbol{A}_4]^{\text{T}} \}^{\text{T}} \tag{5-25}$$

$$\boldsymbol{A}_1 = \left(\cos\alpha \quad -\sin\alpha \quad 0 \quad -\rho_{\text{n}} \quad 0 \quad -D_{\text{n}} \quad -\frac{a_k \cos\alpha}{2} \quad 0 \right) \tag{5-26}$$

$$\boldsymbol{A}_2 = \left(-\sin\alpha \quad -\cos\alpha \quad 0 \quad \rho_{\text{s}} \quad 0 \quad D_{\text{s}} \quad \frac{a_k \sin\alpha}{2} \quad 0 \right) \tag{5-27}$$

$$\boldsymbol{A}_3 = \left(0 \quad 0 \quad 1 - xk_0 \quad 0 \quad -\omega \quad 0 \quad 0 \quad \frac{a_k}{2} \right) \tag{5-28}$$

$$\boldsymbol{A}_4 = \left(-x \quad -(y + \omega k_0) \quad 0 \quad 0 \quad 0 \quad -\omega_{\text{d}} \quad 0 \quad 0 \right) \tag{5-29}$$

$$\boldsymbol{D} = \left(u \quad v \quad w \quad \theta \quad \beta \quad \theta_{\text{d}} \quad 2\Omega_x \quad 2\Omega_z \right)^{\text{T}} \tag{5-30}$$

5.2.4　22 个自由度有限梁单元

基于前面的推导，采用以上介绍公式来推导 22 个自由度单元的公式。在开发的梁单元中，每一个节点总共 11 个自由度，且位移列向量的表达式见式（5-31）和式（5～32）：

$$\boldsymbol{d}^{\text{e}} = \{ \boldsymbol{d}_1^{\text{e}} \quad \boldsymbol{d}_2^{\text{e}} \}^{\text{T}} \tag{5-31}$$

$$\boldsymbol{d}_i^{\text{e}} = \left(u_i \quad u_i{}' \quad v_i \quad v_i{}' \quad w_i \quad \theta_i \quad \beta_i \quad \theta_{\text{d}i} \quad \theta_{\text{d}i}{}' \quad 2\Omega_{xi} \quad 2\Omega_{zi} \right) \quad i = 1, 2 \tag{5-32}$$

在本研究中，利用形函数矩阵 $[\boldsymbol{N}]_{19\times 22}$ 和 $[\boldsymbol{N}_{\text{F}}]_{8\times 22}$ 来离散化 22 个自由度梁单元，精确的定义式见附录 B。基于前面的推导和公式，得到曲线钢-混凝土组合箱梁的刚度矩阵 $\boldsymbol{K}$ 见式（5-33）～式（5～35）。

$$\boldsymbol{K} \boldsymbol{d}^{\text{e}} = \boldsymbol{F} \tag{5-33}$$

$$\boldsymbol{K} = \int_{l_e} \boldsymbol{N}^{\text{T}} \left[\iint_{A_s} \boldsymbol{B}_s^{\text{T}} \boldsymbol{S}^{\text{T}} \text{E}_s \boldsymbol{S} \boldsymbol{B}_s \text{d}a + \iint_{A_c} \boldsymbol{B}_c^{\text{T}} \boldsymbol{S}^{\text{T}} \text{E}_c \boldsymbol{S} \boldsymbol{B}_c \text{d}a + \int_{2b_{\text{ts}}} \boldsymbol{B}_{\Omega}^{\text{T}} \boldsymbol{S}_{\Omega}^{\text{T}} \boldsymbol{\rho}_{\text{slip}} \boldsymbol{S}_{\Omega} \boldsymbol{B}_{\Omega} \text{d}x + \boldsymbol{T}_{\text{R}} \right] \boldsymbol{N} \text{d}z \tag{5-34}$$

$$\boldsymbol{F} = \int_{l_e} (\boldsymbol{N}_{\text{F}}^{\text{T}} \boldsymbol{H}_1^{\text{T}} + \boldsymbol{N}_{\text{F}}'^{\text{T}} \boldsymbol{H}_2^{\text{T}}) \boldsymbol{q} \text{d}z + (\boldsymbol{N}_{\text{F}}^{\text{T}} \boldsymbol{H}_1^{\text{T}} + \boldsymbol{N}_{\text{F}}'^{\text{T}} \boldsymbol{H}_2^{\text{T}}) \boldsymbol{Q} \tag{5-35}$$

式中，$\boldsymbol{F}$ 为等效荷载向量；$\boldsymbol{T}_R$ 为框架抗畸变刚度矩阵；l_e 为有限梁单元长度。

在 MATLAB 中开发了 22 个自由度单元。在本研究中，曲线钢-混凝土组合箱梁的扭转极坐标和畸变极坐标可参见文献。

5.3　梁单元的试验研究和验证

5.3.1　曲线钢-混凝土组合箱梁弹性性能试验

1. 试验设计

总共设计并测试了 3 个曲线钢-混凝土组合箱梁试件，包括试件 CCB-1、CCB-2 和 CCB-3。试件由通过栓钉连接的钢箱梁和混凝土板组成，如图 5-3 所示。每一个试件的跨长（沿梁的中心线测量得到）为 6200mm。试件 CCB-1 和 CCB-3 的圆心角为 45°，试件 CCB-2 的圆心角为 25°。试件 CCB-1 和 CCB-2 共使用 83 排栓钉，采用完全剪力连接设计。试件 CCB-3 共使用 23 排栓钉，采用部分剪力连接设计。钢材屈服强度为 345MPa，钢筋屈服强度为 335MPa。混凝土平均 150mm 立方体抗压强度（f_{cnm}）为 50MPa。图 5-4 为试验试件的加工过程。

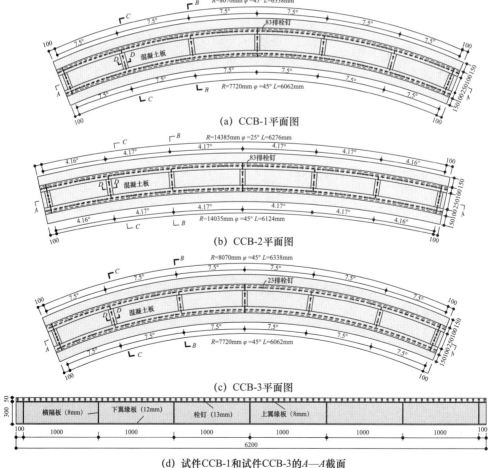

(a) CCB-1平面图

(b) CCB-2平面图

(c) CCB-3平面图

(d) 试件CCB-1和试件CCB-3的 A—A 截面

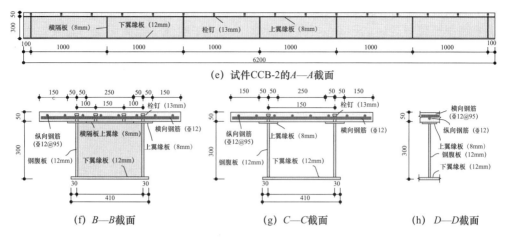

(e) 试件CCB-2的A—A截面

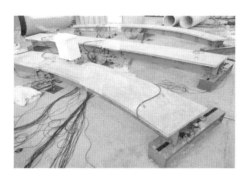

(f) B—B截面　　　　　　　(g) C—C截面　　　　　　　(h) D—D截面

图 5-3　试件设计图

图 5-4　试验试件的加工过程

2. 试验设备和测量方案

如图 5-5 所示，三个试件均施加沙袋静载。梁的边界条件为简支，每一个试件共采用沙袋数为 60，总重力为 30kN。如图 5-5 所示，沙袋被布置为两排两层。

(a) 试验加载现场图　　　　　　　　　　(b) 试件加载示意图

图 5-5　曲线钢-混凝土组合箱梁加载试验

图 5-6 为试件 CCB-1 的测量方案，其他的试件采用相同测量方案。（1）为了测量混凝土板正应变沿横向分布规律，选定跨中截面和 1/4 跨截面为控制截面，在每一个试件的混凝土板顶面，总共布置了 10 个混凝土应变片，如图 5-6（a）所示。（2）为了测量

钢梁下翼缘板正应变沿横向的分布规律，总共 6 个应变片被布置在钢梁下翼缘的跨中和 1/4 跨截面位置处，如图 5-6（b）所示。（3）为了验证平截面假设，总共 8 个应变片被布置在钢梁钢腹板的跨中和 1/4 截面位置处，如图 5-6（c）所示。（4）由支座截面处的滑移传感器测量界面纵向滑移，由跨中截面处的滑移传感器测量界面横向滑移，如图 5-6（d）所示。（5）竖向和水平向位移传感器被布置在跨中和 1/4 跨截面位置处以获得试件的挠度和扭转角，如图 5-6（e）所示。

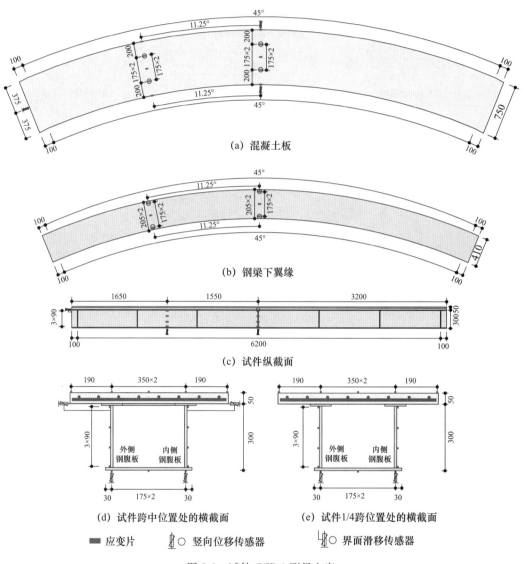

图 5-6　试件 CCB-1 测量方案

采用位移传感器测量曲线钢-混凝土组合箱梁界面处的纵向滑移和横向滑移。试验采用的位移传感器为中国长沙金马公司 JMDL-31XXAT 位移传感器，精度为 0.01mm。图 5-7 为试件 CCB-1 的测量方案。从图 5-7 中可以看出，位移传感器的一侧通过磁铁附着在钢板上，另一侧被布置在混凝土板上。在内侧钢腹板下方和外侧钢腹板下方安装位移传感器，利用内外钢腹板位移计差值除以钢腹板间距即可得到扭转角。

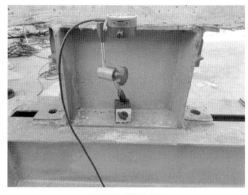

| (a) 界面纵向滑移 | (b) 界面横向滑移 |

图 5-7　试件 CCB-1 测量方案

5.3.2　试验结果和精细有限元模型、有限梁单元模型计算结果对比

建立了三维精细有限元模型来进一步研究试件的力学特性。在 ANSYS 软件中建立了精细有限元模型，并采用 SHELL181 壳单元模拟混凝土板和钢梁。采用 COMBIN14 弹簧单元来模拟钢板和混凝土板界面处的栓钉。由于在 30kN 竖向荷载作用下，试验中未见混凝土发生开裂，故对钢梁、混凝土板和栓钉均采用线弹性模型。混凝土、钢材和栓钉的本构关系采用 CEB-FIP 规范的规定。图 5-8 为试件 CCB-1 在 ANSYS 中建立的精细有限元模型，共 2800 个节点，2844 个单元。试件 CCB-2 和 CCB-3 的精细有限元模型与试件 CCB-1 相似。精细有限元模拟结果验证了网格尺寸的收敛性，且本研究的网格尺寸足够精细，可以保证模拟结果的准确性和收敛性。

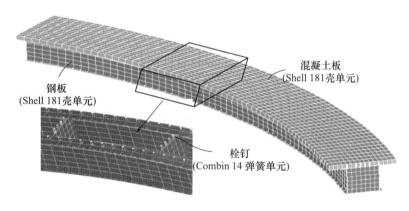

图 5-8　试件 CCB-1 的精细有限元模型

利用 MATLAB2016 建立了梁单元模型。对试件进行网格划分，并开展了网格敏感性测试。测试结果表明，当沿纵向划分为 14 个单元时，有限梁单元模拟结果的灵敏度在观测值的 1‰ 以内。为了确保精度，网格共使用了 28 个单元和 29 个节点。表 5-1 列出了梁单元模型边界条件。为了确保模拟结果与试验一致，跨中截面的纵向位移 w 和纵向滑移 Ω_z 被约束。2 个端部截面的横向位移 u，挠度 v，横向滑移 Ω_x，扭转角 q 被限制在梁的两端。横隔板截面处的畸变角 q_d 被约束。

表 5-1 梁单元模型边界条件

截面位置	约束自由度数
梁端	u、v、q、Ω_x
跨中	w、Ω_s
横隔板截面	θ_d

表 5-2 为试验、开发的梁单元模型及壳单元模型计算得到的变形结果。针对跨中截面和 1/4 跨截面处的挠度和扭转角，22 个自由度的有限梁单元模型很好地预测了试验结果，见表 5-2。因此，开发的有限梁单元在预测试验中观察到的组合梁的整体特性方面具有足够的精度。由表 5-2 的对比可知，有限梁单元模型对挠度和扭转角的估计值较试验观测值偏大了 9％到 13％。这可能是由于混凝土的弹性模量发生了变化，而试验中没有检测到这一点。

表 5-2 试验、开发的梁单元模型及壳单元模型变形结果

试件编号	试件特征	方法	跨中截面挠度/mm	1/4 跨截面挠度/mm	跨中截面扭转角/°	1/4 跨截面扭转角/°
CCB-1	45°圆心角，完全剪力连接	有限梁单元模型	4.05	2.87	0.0727	0.0517
		精细有限元模型（壳单元）	4.39	3.11	0.0786	0.0563
		试验	3.71	2.54	0.0672	0.0472
		有限梁单元模型/试验	109％	113％	108％	110％
CCB-2	25°圆心角，完全剪力连接	有限梁单元模型	3.3	2.34	0.0363	0.0258
		精细有限元模型（壳单元）	3.59	2.46	0.0395	0.0274
		试验	2.96	2.14	0.0321	0.0231
		有限梁单元模型/试验	111％	109％	113％	112％
CCB-3	45°圆心角，部分剪力连接	有限梁单元模型	4.25	2.98	0.0741	0.0525
		精细有限元模型（壳单元）	4.48	3.19	0.0786	0.0563
		试验	3.86	2.71	0.0669	0.0471
		有限梁单元模型/试验	110％	110％	111％	111％

此外，试验和本文梁单元模型及精细壳单元模型计算得到的正应变分布如图 5-9～图 5-11 所示。对比的结果表明，所提出的梁单元模型和精细的壳单元模型能较好地预测正应变试验结果。因此，基于应变测量结果验证了曲线钢-混凝土组合箱梁弹性状态模拟的准确性和适用性。

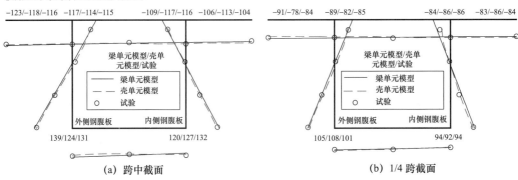

图 5-9 试件 CCB-1 正应变分布对比（45°圆心角，完全剪力连接）

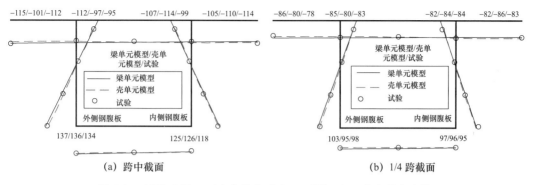

图 5-10　试件 CCB-2 正应变分布对比（25°圆心角，完全剪力连接）

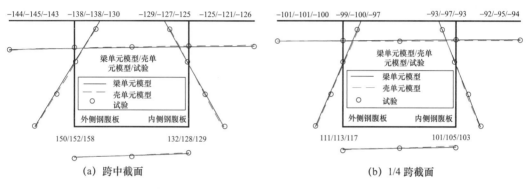

图 5-11　试件 CCB-3 正应变分布对比（45°圆心角，部分剪力连接）

5.4　参数分析

 基于本章中介绍的试件 CCB-1，本研究利用提出的 22 个自由度的有限梁单元进行参数化分析，进一步研究了关键参数对简支曲线钢-混凝土组合箱梁力学性能的影响。在参数分析中，曲线梁跨长设为 6200mm，圆心角为 45°。混凝土板上作用有 10N/mm 的均布荷载，用于参数分析的基本试件见表 5-3。在 5.4 节中分析了初曲率、横隔板数量和剪力连接件刚度对曲线钢-混凝土组合箱梁力学性能的影响。基本试件的纵向和横向平均剪力连接件刚度均为 100N/mm^3，满足"刚性抗剪连接"试件要求，见表 5-3。基本试件共使用 7 个横隔板，包括支座处的 2 个横隔板和跨段区 5 个横隔板。

表 5-3　用于参数分析的基本试件

几何参数									材料参数					
b_c/ mm	b_t/ mm	t_c/ mm	b_{ts}/ mm	t_{ts}/ mm	h /mm	t_w/ mm	b_s/ mm	t_s/ mm	E_c/ GPa	υ_c	E_s/ GPa	υ_s	ρ_w/ (N/mm^3)	ρ_u/ (N/mm^3)
375	175	50	100	8	300	12	175	12	30	0.2	206	0.3	100	100

5.4.1　初曲率的影响

 本章选取了 4 个不同的圆心角来研究初曲率对曲线钢-混凝土组合箱梁力学性能的

影响，分别为 5°、25°、45° 和 65°。除此之外，利用提出的有限梁单元对直线组合梁进行了模拟，并以此作为参照。在参数分析中，总梁长保持为 6200mm。图 5-12 给出了具有不同圆心角条件下下翼缘板中心处位移分布。各试件的挠度、下翼缘板中心横向位移和下翼缘板中心纵向位移如图 5-12 所示。圆心角对曲线钢-混凝土组合箱梁位移分量影响显著。当圆心角限制在 5° 以下时，挠度和纵向位移与直线钢-混凝土组合箱梁非常接近。相比之下，在圆心角为 25° 时，试件的横向位移明显增大。因此，小曲率曲线钢-混凝土组合箱梁的横向变形最为显著，在曲线钢-混凝土组合箱梁的设计中应当进行控制。当圆心角达到 45° 后，与参照的直线钢-混凝土组合箱梁相比，曲线钢-混凝土组合箱梁 3 个变形分量均显著增加，刚度显著降低，如图 5-12 所示。当圆心角为 65° 时，挠度约为直线钢-混凝土组合箱梁的 2 倍，如图 5-12（a）所示。

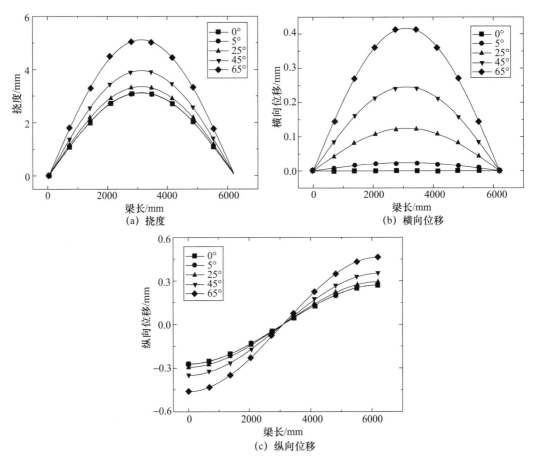

图 5-12　不同圆心角条件下下翼缘板中心处位移分布

此外，图 5-13 对比了每一个试件跨中截面位置处的钢梁下翼缘板和顶部混凝土板的正应力分布结果。随着圆心角的增大，下翼缘板和混凝土板的正应力均显著增大，如图 5-13 所示。此外，下翼缘板和混凝土板两者的应力为不均匀分布。扭转翘曲效应和畸变翘曲对应力分布有显著影响，且随圆心角的增大而增大。对于圆心角超过 25° 的试件，下翼缘板和混凝土板由扭转翘曲效应和畸变翘曲效应引起的正应力不可忽略，如图 5-13 所示。

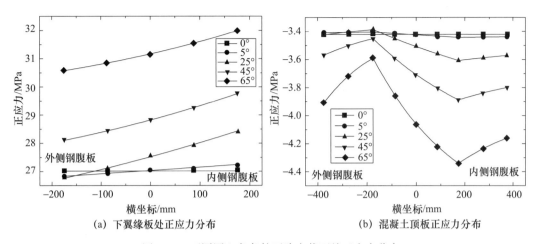

图 5-13　不同圆心角条件下跨中截面处正应力分布

为了进一步研究初始曲率对约束扭转和畸变翘曲的影响，组合梁跨中截面处钢板和混凝土板的应力分量分别见表 5-4 和表 5-5。本章将圆心角为 5° 和 65° 的试件进行了对比，正应力被分为 3 个分量，包括轴向、弯曲和滑移效应引起的分量，约束扭转翘曲效应引起的分量以及畸变翘曲效应引起的分量。对于圆心角为 5° 的小曲率曲线钢-混凝土组合箱梁，扭转和畸变的影响最小，可以忽略不计。但是，对于圆心角为 65° 的大曲率曲线钢-混凝土组合箱梁，下翼缘板由扭转翘曲引起的正应力与轴弯引起的应力之比为 32%，如表 5-4 所示。此外对于圆心角为 65° 的试件，即使采用了 7 个隔板，扭转和畸变效应引起的正应力与轴弯引起的应力的比值也达到 13%，见表 5-5。因此，在设计时必须考虑大曲率曲线钢-混凝土组合箱梁的扭转和畸变应力。

表 5-4　钢板的正应力分量

横向位置/mm	圆心角为 5° 的曲线钢-混凝土组合箱梁			圆心角为 65° 的曲线钢-混凝土组合箱梁		
	轴向、弯曲和滑移效应/MPa	约束扭转翘曲效应/MPa	畸变翘曲效应/MPa	轴向、弯曲和滑移效应/MPa	约束扭转翘曲效应/MPa	畸变翘曲效应/MPa
175.00（内侧钢腹板）	27.1	−0.0695	0.1830	47.0	−15.4	1.015
131.25	27.1	−0.0694	0.1361	47.0	−15.4	0.661
87.50	27.1	−0.0693	0.0898	47.0	−15.4	0.361
43.75	27.1	−0.0692	0.0440	47.0	−15.4	0.109
0.00	27.1	−0.0691	−0.0013	47.0	−15.4	−0.100
−43.75	27.1	−0.0690	−0.0461	47.0	−15.4	−0.270
−87.50	27.1	−0.0689	−0.0903	47.0	−15.4	−0.406
−131.25	27.1	−0.0688	−0.1341	47.0	−15.4	−0.510
−175.00（外侧钢腹板）	27.1	−0.0687	−0.1773	47.0	−15.4	−0.588

表 5-5　混凝土板的正应力分量

横向位置/mm	圆心角为5°的曲线钢-混凝土组合箱梁			圆心角为65°的曲线钢-混凝土组合箱梁		
	轴向、弯曲和滑移效应/MPa	约束扭转翘曲效应/MPa	畸变翘曲效应/MPa	轴向、弯曲和滑移效应/MPa	约束扭转翘曲效应/MPa	畸变翘曲效应 t/MPa
375（内侧钢腹板）	−3.43	0.0200	−0.0291	−5.36	1.63	−0.385
275	−3.43	0.0107	−0.0218	−5.36	1.51	−0.342
175	−3.43	0.0012	−0.0143	−5.36	1.35	−0.278
87.5	−3.43	0.0038	−0.0076	−5.36	1.39	−0.202
0	−3.43	0.0065	−0.0008	−5.36	1.45	−0.104
−87.5	−3.43	0.0093	0.0062	−5.36	1.54	0.021
−175	−3.43	0.0121	0.0134	−5.36	1.64	0.178
−275	−3.43	0.0020	0.0217	−5.36	1.29	0.403
−375（外侧钢腹板）	−3.43	−0.0083	0.0302	−5.36	0.82	0.687

5.4.2　横隔板数量的影响

为了研究横隔板的数量对曲线钢-混凝土组合箱梁力学性能的影响，在外侧钢腹板和混凝土板的界面处施加 10N/mm 的均布荷载。并且，除端部横隔板外，沿跨度方向横隔板的数量在 0 到 5 之间变化。在每一次模拟中，在支座截面处都布置了 2 个横隔板。图 5-14 给出了横隔板数量对畸变角的影响，图 5-15 给出了横隔板数量对畸变纵向位移的影响，图 5-16 给出了横隔板数量对畸变应力的影响。在图 5-14～图 5-16 中，横隔板数量显著地降低了畸变效应。从图 5-14 和图 5-15 可以看出，采用横隔板可以显著降低畸变角和畸变位移，且单跨采用 3 个横隔板就足以消除畸变角和畸变位移。与图 5-14 中关于畸变角和图 5-15 中关于畸变位移的结果相比，横隔板的数量对畸变应力的影响较小，如图 5-16 所示。在本章中，若忽略畸变应力的影响，在曲线钢-混凝土组合箱梁的设计中则总共需要 4 个横隔板。此外，从图 5-15 可以看出，横隔板的数量从 4 个增加到 5 个对畸变应力的影响可忽略不计。结果表明，4 个横隔板足以满足该曲线钢-混凝土组合箱梁的设计要求。

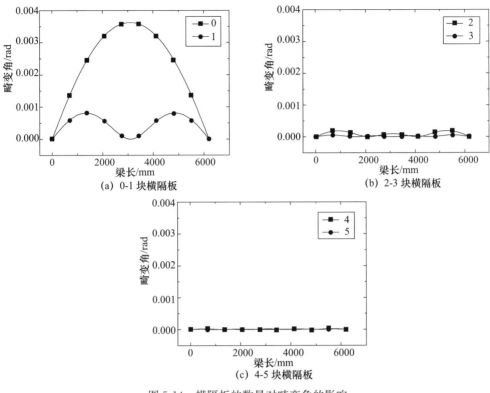

图 5-14 横隔板的数量对畸变角的影响

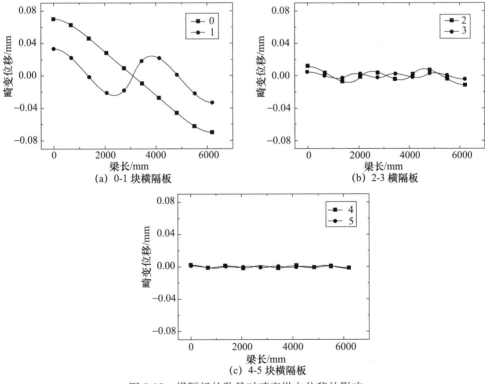

图 5-15 横隔板的数量对畸变纵向位移的影响

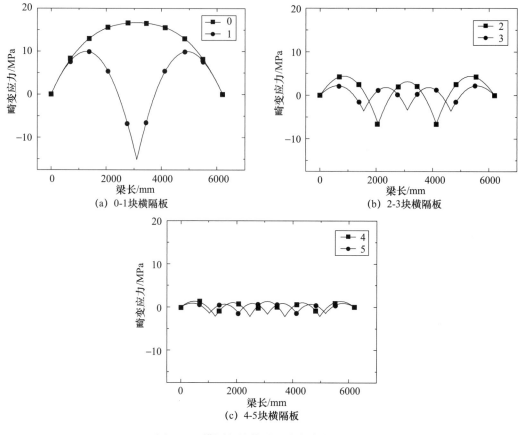

(a) 0-1块横隔板   (b) 2-3块横隔板

(c) 4-5块横隔板

图 5-16   横隔板的数量对畸变应力的影响

5.4.3   剪力连接刚度的影响

为了研究界面剪力连接刚度对曲线钢-混凝土组合箱梁受力性能的影响，选取了 4 组界面剪力连接刚度值，分别为 $0.1N/mm^3$、$1N/mm^3$、$10N/mm^3$ 和 $100N/mm^3$，并开展了参数分析。在参数分析中，$0.1N/mm^3$ 表示剪力连接刚度非常小，$10N/mm^3$ 表示组合梁为全剪力连接构件，$100N/mm^3$ 表示界面不产生滑移也称为刚性剪力连接。因此，将组合梁的界面剪力连接件刚度定义为无量纲的界面连接度，并表示如下：$10N/mm^3$ 代表界面连接度为 100%，$100N/mm^3$ 代表界面连接度大于 100%，$1N/mm^3$ 代表界面连接度为 10%，$0.1N/mm^3$ 代表界面连接度为 1%。图 5-17 给出了具有不同剪力连接度条件下曲线钢-混凝土组合箱梁下翼缘板中心处变形分布。图 5-17（a）~ 图 5-17（c）分别为下翼缘板中心处的挠度、横向位移和纵向位移。从图 5-17 可以看出，挠度对界面连接刚度最为敏感，而其他位移分量则对界面连接刚度较不敏感。当界面连接的刚度从 $100N/mm^3$ 降到 $0.1N/mm^3$ 时，曲线钢-混凝土组合箱梁的挠度增加了 2.5 倍。

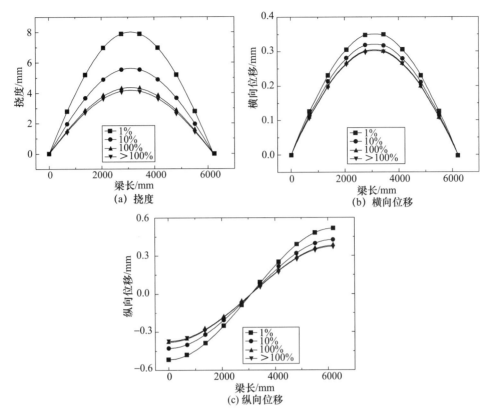

图 5-17　不同剪力连接刚度条件下曲线钢-混凝土组合箱梁下翼缘板中心处变形分布

图 5-18 给出了不同剪力连接刚度条件下下翼缘板和混凝土板正应力分布。从图 5-18（a)可以看出，剪力连接刚度对下翼缘板拉应力分布有显著影响，增加剪力连接件会降低下翼缘板的拉应力。此外，随着剪力连接刚度的增加，下翼缘板的应力分布越来越均匀。从图 5-18（b）可以看出，剪力连接器刚度的增加可以显著降低钢筋混凝土板的压应力，在钢腹板位置处（横向坐标为 -175mm），受约束扭转的作用，混凝土板正应力略有增大。因此，约束扭转效应导致在混凝土板外侧应力略高，内侧应力略低。

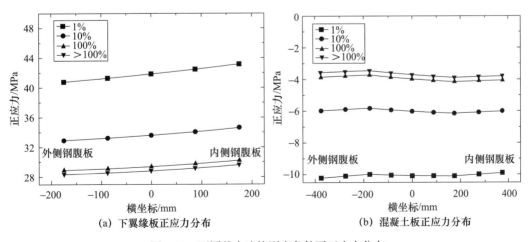

图 5-18　不同剪力连接刚度条件下正应力分布

图 5-19 给出了钢梁和混凝土板之间的界面滑移分布。从图 5-19 可以看出，曲线钢-混凝土组合箱梁的纵向滑移明显高于横向滑移，剪力连接刚度对界面滑移有显著影响。当剪力连接刚度从 100N/mm³ 降低到 1N/mm³，纵向滑移增加了 2.6 倍。基于图 5-17～图 5-19 的对比，建议按全剪力连接要求设计曲线钢-混凝土组合箱梁。

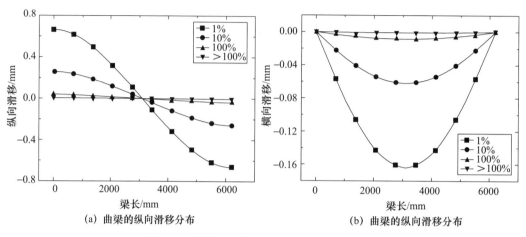

(a) 曲梁的纵向滑移分布　　　　　　　　(b) 曲梁的纵向滑移分布

图 5-19　钢梁和混凝土板之间的界面滑移分布

5.5　本章小结

本章对曲线钢-混凝土组合箱梁的力学性能进行了深入的试验和数值研究，建立了曲线钢-混凝土组合箱梁考虑扭转、畸变和双向界面滑移的理论模型。本研究的结果可以总结如下：

（1）建立了曲线钢-混凝土组合箱梁的理论模型。未知函数包括纵向位移、横向位移、挠度、扭转角、畸变角以及钢梁和混凝土之间的界面双向滑移。基于虚功原理，建立了曲线钢-混凝土组合箱梁的平衡方程，并利用有限元空间离散化方法，给出了曲线钢-混凝土组合箱梁的刚度矩阵、节点位移矩阵和外荷载矩阵。

（2）对不同界面剪力连接刚度和圆心角条件下的 3 个曲线钢-混凝土组合箱梁开展了试验研究。建立了基于分层壳单元的精细有限元模型来模拟试验结果。将所开发的有限梁单元、精细有限元模型计算结果与试验结果进行对比，结果表明所建立的有限梁单元在预测挠度、扭转角和应变分布方面具有较高的精度。

（3）基于所建立的有限梁单元模型，研究了初始曲率、横隔板数量和界面连接刚度对曲线钢-混凝土组合箱梁力学性能的影响。模拟结果表明，初曲率对组合梁的位移和应力有显著影响。弯曲和扭转的耦合效应以及畸变和弯曲的耦合效应随着初曲率的增加明显增大。当圆心角为 65° 时，曲线钢-混凝土组合箱梁的挠度约为参考直线钢-混凝土组合箱梁的 2 倍。对于圆心角超过 25° 的试件，下翼缘板和混凝土板中由扭转翘曲和畸变翘曲效应引起的应力不可忽略。

（4）采用较多的横隔板可以显著地减小畸变角和畸变位移。当使用大量横隔板后，畸变应力受横隔板数量的影响趋于稳定。本研究中的模拟结果表明，采用 4 个横隔板足以满足该曲线钢-混凝土组合箱梁的设计要求。

（5）界面剪力连接刚度对曲线钢-混凝土组合箱梁力学性能有显著影响。随着剪力连接刚度的增加，曲线钢-混凝土组合箱梁的应力和位移显著减小。当界面剪力连接刚度从 $100N/mm^3$ 降低至 $0.1N/mm^3$ 时，曲线钢-混凝土组合箱梁的挠度增加了 2.5 倍。在参数分析的基础上，建议将简支曲线钢-混凝土组合箱梁的圆心角限制在 $45°$ 以下，使用足够数量的横隔板，曲线钢-混凝土组合箱梁的设计应符合完全剪力连接的要求。

6 曲线钢-混凝土组合箱梁的时变徐变和收缩分析

曲线钢-混凝土组合箱梁在正常使用阶段表现出典型的弯扭耦合受力特性和显著发展的长期下挠现象。一维模型作为桥梁工程分析中最常用的计算工具之一，具有计算效率高和稳定性强等优点。基于 Vlasov 曲线梁一维模型和薄壁结构理论，曲线钢-混凝土组合箱梁的一维模型已有大量研究。但是可以全面和准确地考虑曲线钢-混凝土组合箱梁的约束扭转、畸变、剪力滞和界面双向滑移效应的一维模型仍然是必要的。此外，基于 Maxwell 流变学模型的逐步递增法是当前计算组合梁徐变行为准确和高效的方法之一。该方法避免了传统的逐步递增法需存储应力和应变历史的缺点。然而该方法需要将混凝土徐变函数经数值计算转换成松弛函数，数值转换过程中会带来一定的精度损失。因此基于 Kelvin 流变学模型的逐步递增法可能会是更好的选择。本章基于此方法和有限单元空间离散算法，提出了曲线钢-混凝土组合箱梁考虑约束扭转，畸变，剪力滞，界面双向滑移和时变效应的具有 26 个自由度的有限梁单元。进而报道了 3 个曲线钢-混凝土组合箱梁的长期加载试验，一方面针对曲线钢-混凝土组合箱梁长期加载试验匮乏的现状填补了相应的试验数据库，另一方面验证了提出的有限梁单元模型的准确性和适用性。最后应用提出的有限梁单元模型分析了实际工程中的 1 座曲线钢-混凝土组合箱梁的长期受力行为。

6.1 曲线钢-混凝土组合箱梁的时变徐变和收缩介绍

曲线钢-混凝土组合箱梁具有自重轻，跨越能力强和抗扭刚度大等优点，目前已被广泛应用于城市公路立交桥和匝道桥的建设中。与直线钢-混凝土组合箱梁相比，曲线钢-混凝土组合箱梁的整体质心不位于支座连线上，故在自重和车辆等竖向荷载作用下具有典型的弯扭耦合受力特性。结构受扭时截面会发生明显的纵向翘曲和畸变变形，结构较宽时混凝土顶板和钢梁底板还会表现出明显的剪力滞行为，同时界面还会发生组合梁特有的滑移行为。因而曲线钢-混凝土组合箱梁的受力特性较直线钢-混凝土组合箱梁复杂很多。除具有复杂的空间受力行为外，由于混凝土的收缩徐变效应，曲线钢-混凝土组合箱梁在运营阶段会发生典型的长期下挠，从而显著影响结构的正常使用性能。研究曲线钢-混凝土组合箱梁复杂的弯扭耦合受力特性和显著发展的长期受力性能对于该结构形式在工程中的推广和应用尤为重要。

一维杆系模型一直是桥梁结构分析中重要的计算工具。一维杆系模型与桥梁的几何特征相吻合，保留沿梁跨方向的纵向维度，在横向和竖向用截面特性来简化，其计算效率显然明显优于三维精细模型，且其准确性和适用性早已被众多的工程实践所验证。

Vlasov 于 1961 年提出了经典的曲线梁一维模型，后续很多学者基于 Vlasov 弯曲梁的一维模型结合薄壁结构理论对于曲线钢-混凝土组合箱梁的一维模型进行了大量研究。研究表明准确的曲线钢-混凝土组合箱梁一维模型应同时考虑轴弯、约束扭转、畸变和剪力滞效应，并且曲线钢-混凝土组合箱梁作为闭口截面结构，应采用 Ullmanski 第二扭转理论。尽管已经有众多关于曲线钢-混凝土组合箱梁一维模型的研究，然而这些研究提出的曲线钢-混凝土组合箱梁一维模型中往往会忽略上述的一个或几个因素。例如，Luo 和 Li 推导了曲线钢-混凝土组合箱梁一维模型的闭合解，该模型可以考虑约束扭转和剪力滞效应，但忽略了畸变效应。Zhang 和 Lyons 提出了曲线钢-混凝土组合箱梁考虑约束扭转，畸变效应的有限梁单元模型，Razaqpur 和 Li 进一步通过增加节点自由度的方法使得 Zhang 和 Lyons 的梁单元模型可进一步考虑剪力滞效应，然而他们的研究中对于约束扭转效应的模拟采用了 Ullmanski 第一扭转理论，该理论仅适用于模拟开口截面结构的约束扭转行为。与之类似，Yoshimura 和 Nirasawa 等的研究也都在模型中应用了 Ullmanski 第一扭转理论。Nakai 和 Yoo 系统研究了曲线钢-混凝土组合箱梁的一维模型和设计方法，但是他们提出的一维模型没有包括畸变效应，仅仅是采用了与 BEF 理论的类比对于畸变效应进行了独立的分析，如此可能无法考虑畸变效应和其他效应的耦合影响。

除此之外，曲线钢-混凝土组合箱梁由钢和混凝土 2 种材料组成，相比于由单一材料组成的曲线钢-混凝土组合箱梁，其一维模型还需在轴弯、约束扭转、畸变和剪力滞效应基础上考虑界面滑移效应。界面滑移效应是组合梁特有的受力行为，组合梁一维模型中对于界面滑移效应的模拟通常是引入界面滑移函数或将钢梁和混凝土板赋予各自独立的纵向位移。由于曲梁几何形式在横向的不对称性，曲线钢-混凝土组合箱梁在荷载作用下除了会发生通常的界面纵向滑移，还会发生界面横向滑移。故曲线钢-混凝土组合箱梁一维模型中应考虑界面纵向和横向 2 个维度上的滑移。相较于直线钢-混凝土组合箱梁，曲线钢-混凝土组合箱梁一维模型的研究并不多，目前的研究主要都是针对曲线组合 I 型梁。Erkmen 和 Bradford 的研究成果是相关研究的优秀代表。但正因为是 I 型梁这样的开口截面结构，其提出的一维模型没有考虑畸变效应，在约束扭转时也采用的是 Ullmanski 第一扭转理论。因此，可以准确和全面地考虑约束扭转、畸变、剪力滞效应和界面双向滑移效应的曲线钢-混凝土组合箱梁一维模型是必要的。图 6-1 为曲线钢-混凝土组合箱梁的复杂力学行为。

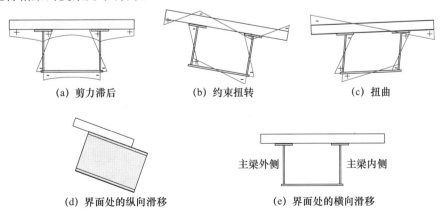

(a) 剪力滞后　　　　　(b) 约束扭转　　　　　(c) 扭曲

(d) 界面处的纵向滑移　　　　　(e) 界面处的横向滑移

图 6-1　曲线钢-混凝土组合箱梁的复杂力学行为

组合梁由于混凝土收缩徐变效应产生的时变行为的计算方法目前已有不少研究。对于收缩效应，由于混凝土收缩应变与应力状态无关，故计算时相当于给结构施加初应变，处理方法较为简单。对于徐变效应，由于混凝土徐变应变与应力状态相关，而且不仅与当前应力状态相关，还与整个应力历史相关，计算起来较为复杂，因而这也是众多研究聚焦于此的原因。目前结构徐变行为的计算方法包括增量逐步法和使用单步代数方程的方法。这些方法要求使用数值时间积分程序将遗传积分关系转换为时间离散的构成关系，这在求解算法中易于处理。使用单步代数方程的方法，如有效模量 (EM)、平均应力（MS）和龄期调整有效模量（AAEM）方法，利用各种求积公式处理数值积分，其中应力可以忽略，但精度会受到影响。相比之下，Bazant 提出了一种通过使用梯形或中点规则处理数值积分的通用逐步方法。这种方法的缺点是，在求解过程中需要存储每个时间点的整个应力。因此，与其他方法相比，求解时间和计算成本更高。然而，这个问题后续已经被 Bazant 和 Wu 解决，他们通过采用麦克斯韦流变构成材料模型提出了新的数值积分策略，只需要上一时间步骤的应力和应变结果。Jurkiewiez 等将基于麦克斯韦流变构成材料模型的增量逐步法引入到组合梁考虑界面滑移和时变效应的一维模型中。Erkmen 和 Bradford 应用上述基于麦克斯韦流变构成材料模型的增量逐步法提出了曲线组合 I 型梁考虑约束扭转，界面滑移和时变效应的一维模型。然而，流变模型不仅包括麦克斯韦流变模型，还包括开尔文流变模型，其中麦克斯韦流变构成材料模型更适合松弛行为的模拟。基于麦克斯韦流变构成材料模型的增量逐步法需要在计算过程中采用 Bazant 提出的数值方法将混凝土徐变函数转化成松弛函数。实际上，通过混凝土的时间本构材料试验往往可以直接得到徐变函数而非松弛函数，基于徐变函数的数据经数值计算转换成松弛函数的过程中必然会引入一定的误差。将开尔文流变模型引入逐步递增法中，可直接对混凝土徐变函数（直接从时间本构材料试验中得到）按 Dirichlet 级数进行最小二乘拟合，避免了先由徐变函数转换为松弛函数的步骤，消除掉此步骤带来的误差。故基于开尔文流变模型的增量逐步法可能是适用于混凝土徐变行为计算的更为合适的方法。

本章基于虚功原理提出了曲线钢-混凝土组合箱梁考虑约束扭转、畸变、剪力滞、界面双向滑移和时变效应的一维理论模型。对于一维理论模型的求解算法，在空间域上采用有限元离散化方法，在时间域上采用基于开尔文流变模型的增量逐步法，提出了曲线钢-混凝土组合箱梁考虑约束扭转，畸变，剪力滞，界面双向滑移和时变效应的具有 26 个自由度的有限梁单元。基于此模型分析了一座实际工程中的曲线钢-混凝土组合箱梁的长期受力行为，并研究了关键设计因素，包括初始曲率、剪力连接刚度和隔板，对结构长期受力行为的影响。

此外，曲线钢-混凝土组合箱梁的长期加载试验很少有报道，目前比较重要的是 Liu 等于 2013 年进行的 1 个曲线组合 I 型梁长期加载试验。Zhu 等进行 3 个曲线组合 I 型梁的瞬时加载试验结果，3 个试件分别为圆心角 45°强剪力连接的曲梁，圆心角 25°强剪力连接的曲梁和圆心角 45°弱剪力连接的曲梁。此研究进一步报道了这 3 个曲线组合箱型梁试件的长期加载试验结果（加载历时 200 多天），试验结果为曲线组合梁长期加载试验数据库提供补充，并作为此研究提出的曲线组合箱型梁有限梁单元模型的基准，证实了该梁单元模型的准确性和适用性。

6.2 曲线钢-混凝土组合箱梁的分析模型

6.2.1 基本假设和坐标系

根据 Vlasov 和 Novozhilov 等的研究，曲线钢-混凝土组合箱梁的一维理论模型引入了 9 个基本假定，其中前 6 个假定基于薄壁结构的经典理论，后 3 个假定基于结构处于正常使用阶段的受力状态。

（1）混凝土板和钢梁的弯曲曲率相同。

（2）混凝土板和钢梁的竖向挠度相同。

（3）曲率半径沿梁跨方向保持不变。

（4）由弯曲和畸变效应导致的结构剪切变形忽略不计。

（5）考虑结构在竖向弯曲作用下的剪力滞效应。

（6）剪力连接件在纵向和横向均匀布置，故界面的剪力连接刚度在纵向和横向都为常数。

（7）关注结构正常使用阶段受力行为，钢梁始终处于弹性受力状态，故钢材的应力-应变关系为线弹性。

（8）关注结构正常使用阶段受力行为，界面的剪力连接件始终处于弹性受力状态。

（9）关注结构正常使用阶段受力行为，混凝土板始终处于弹性受力状态，根据 Bazant 的研究，混凝土的徐变行为采用线性徐变模型来模拟。

曲线钢-混凝土组合箱梁的几何尺寸和坐标系定义如图 6-2 所示。$Oxyz$ 坐标系为三维流动坐标系，其中 Ox 轴指向曲梁的圆心，Oy 轴指向截面的竖直下方，Oz 轴沿着曲梁未变形前的曲线方向，O 为曲梁换算截面的形心，过形心 O 的圆弧为曲梁的形心线，S 为曲梁换算截面的扭转中心。D 为曲梁换算截面的畸变中心。此外，s 轴和 n 轴分别为曲梁截面每个薄壁的切向和法向。需要说明的是，计算曲线组合箱型梁换算截面的几何特性时，混凝土板换算成钢板的方法需分成两种情况：①计算轴向和弯曲特性时，混凝土板厚度不变，宽度按弹性模量折减的方法（实际宽度除以钢材与混凝土弹性模量之比）；②计算扭转和畸变特性时，混凝土板宽度不变，厚度按弹性模量折减的方法（实际厚度除以钢材与混凝土弹性模量之比）。

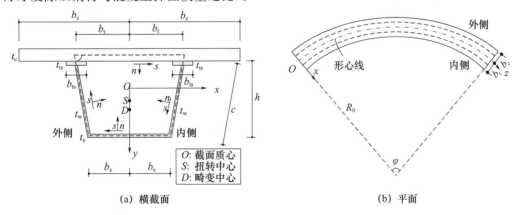

(a) 横截面 　　　　　　　　　　　　(b) 平面

图 6-2　曲线钢-混凝土组合箱梁的几何尺寸和坐标系定义

6.2.2　曲线钢-混凝土组合箱梁的运动学和应变分量

曲线钢-混凝土组合箱梁的一维理论模型包括 10 个未知函数：

（1）3 个平动位移：曲线钢-混凝土组合箱梁形心处分别沿着 Ox 轴、Oy 轴和 Oz 轴的位移 $u(z)$、$v(z)$ 和 $w(z)$，分别为横向位移、竖向位移和纵向位移、形心 O 的位置如图 6-2 所示。

（2）2 个转角：曲线钢-混凝土组合箱梁绕扭转中心 S 的扭转角 $\theta(z)$ 和绕畸变中心 D 的畸变角 $\theta_d(z)$，扭转中心 S 和畸变中心 D 的位置如图 6-2 所示。

（3）2 个钢梁和混凝土板界面的滑移函数：界面纵向滑移函数 $\Omega_z(z)$ 和界面横向滑移函数 $\Omega_x(z)$。钢梁或混凝土板在界面处发生的纵向和横向滑移分别为 $a_k\Omega_z(z)$ 和 $a_k\Omega_x(z)$，其中 $k=\mathrm{s}$，c 分别代表钢梁和混凝土板。对于钢梁，$a_k=a_\mathrm{s}=1$；对于混凝土板 $a_k=a_\mathrm{c}=-1$。

（4）2 个剪力滞翘曲强度函数：混凝土板和钢梁的剪力滞翘曲强度函数分别为 $f_\mathrm{c}(z)$ 和 $f_\mathrm{s}(z)$。

（5）1 个扭转翘曲强度函数：基于 Ullmanski 第二扭转理论，对于闭口截面结构，需要引入 1 个独立的扭转翘曲强度函数 $\beta(z)$ 用以代替开口截面结构中用到的 $\theta'(z)$。

因此，基于曲梁理论并联合上述所有的未知函数，曲线钢-混凝土组合箱梁任意位置处 P 点的纵向位移 $W_{zk}(z,s)$、切向位移 $W_{sk}(z,s)$ 和法向位移 $W_{nk}(z,s)$ 见式（6-1）～式（6-3）。

$$W_{zk}(z,s) = w - (u' + wk_0 + a_k\Omega_z k_0)\,x - v'y + a_k\Omega_z -$$
$$\omega(x,y)(\beta + v'k_0) - \omega_\mathrm{d}(x,y)\theta_\mathrm{d}' + \psi_k(x)f_k \tag{6-1}$$

$$W_{sk}(z,s) = -(u + a_k\Omega_x)\sin\alpha - v\cos\alpha + \theta\rho_s + \theta_\mathrm{d}D_s \tag{6-2}$$

$$W_{nk}(z,s) = (u + a_k\Omega_x)\cos\alpha - v\sin\alpha - \theta\rho_n - \theta_\mathrm{d}D_n \tag{6-3}$$

其中导数表示法代表对 z 坐标的偏导；$k=\mathrm{s}$，c，其中 s 代表钢梁，c 代表混凝土板；k_0 代表曲线钢-混凝土组合箱梁的初始几何曲率，并等于 $1/R_0$，R_0 为结构形心线的曲率半径；α 代表从 x 轴到 n 轴的转角（逆时针方向为正）；$\omega(x,y)$ 和 $\omega_\mathrm{d}(x,y)$ 分别代表扭转翘曲扇性坐标和畸变翘曲扇性坐标；且 $\psi_k(x)$ 分别代表钢梁（$k=\mathrm{s}$）和混凝土板（$k=\mathrm{c}$）的剪力滞翘形函数，表达式分别见式（6-4）和式（6-5）。此外，ρ_s 和 ρ_n 分别代表单位扭转角时 P 点的切向位移和法向位移；D_s 和 D_n 分别代表单位畸变角时 P 点的切向位移和法向位移。ρ_s，ρ_n，D_s 和 D_n 的计算公式参见已有文献，如式（6-4）、式（6-5）。

$$\psi_\mathrm{c}(x) = \begin{cases} \left[1 - \left(\dfrac{b_\mathrm{c} - |x|}{b_\mathrm{c} - b_\mathrm{t}}\right)^2\right]\left(\dfrac{b_\mathrm{c} - b_\mathrm{t}}{b_\mathrm{t}}\right)^2 & |x| > b_\mathrm{t} \\ 1 - \left(\dfrac{|x|}{b_\mathrm{t}}\right)^2 & |x| \leqslant b_\mathrm{t} \end{cases} \tag{6-4}$$

$$\psi_\mathrm{s}(x) = \begin{cases} 0 & \text{钢梁顶板和钢腹板} \\ 1 - \left(\dfrac{|x|}{b_\mathrm{s}}\right)^2 & \text{钢梁底板} \end{cases} \tag{6-5}$$

因为对于钢梁 $a_k=1$ 以及对于混凝土板 $a_k=-1$，故钢梁和混凝土板界面上总的横向滑移 u_{sp} 和纵向滑移 w_{sp} 分别见式（6-6）和式（6-7）。

$$u_{sp} = 2\Omega_x \tag{6-6}$$

$$w_{sp} = 2\Omega_z \tag{6-7}$$

在先前提出的位移模式［式（6-1）～式（6-3）］基础上并根据曲壳理论，曲线钢-混凝土组合箱梁任意点 P 的正应变可计算见式（6-8）。

$$
\begin{aligned}
\varepsilon_k &= \frac{\partial W_{zk}}{\partial z} + \frac{W_s \sin\alpha}{R_0} - \frac{W_n \cos\alpha}{R_0} \\
&= w' - xu'' - yv'' + a_k (1 - k_0 x) \Omega_z' - k_0 u - k_0 x w' - \\
&\quad a_k k_0 \Omega_x + k_0 (y - y_s) \theta - \omega (\beta' + k_0 v'') + \\
&\quad k_0 (y - y_d) \Psi_d \theta_d - \omega_d \theta_d'' + \psi_k f_k'
\end{aligned}
\tag{6-8}
$$

基于基本假设（4），忽略掉弯曲和畸变行为产生的剪切变形，根据曲壳理论，曲线钢-混凝土组合箱梁任意点 P 的切应变可计算见式（6-9）。

$$\gamma_k = (\theta' + v'k_0) r^* - (\beta + v'k_0) \frac{\partial\omega}{\partial s} + \psi_{k,x} f_k \tag{6-9}$$

$$\frac{\partial\omega}{\partial s} = r^* - \frac{\Omega}{\bar{t} \oint (ds/\bar{t})} \tag{6-10}$$

其中 r^* 代表点 P 所在的截面薄壁到扭转中心 S 的垂直距离；Ω 代表截面的薄壁所组成的封闭区域面积的 2 倍。$\partial w / \partial s$ 计算，见式（6-10）。

6.2.3 曲线钢-混凝土组合箱梁的虚功

根据经典的虚功原理得到曲线钢-混凝土组合箱梁的一维理论模型。曲线钢-混凝土组合箱梁的虚功如式（6-11）：

$$
\begin{aligned}
\delta\Pi &= \int_L \oiint_{A_s} \delta\boldsymbol{\varepsilon}_s^T \boldsymbol{\sigma}_s \mathrm{d}a\mathrm{d}z + \int_L \oiint_{A_c} \delta\boldsymbol{\varepsilon}_c^T \boldsymbol{\sigma}_c \mathrm{d}a\mathrm{d}z + \int_L \int_{2b_{ts}} \delta\boldsymbol{d}_{slip}^T \boldsymbol{q_{sh}} \mathrm{d}x\mathrm{d}z + \\
&\quad \int_L \delta\theta_d K_R \theta_d \mathrm{d}z - \sum \delta\boldsymbol{W}^T \boldsymbol{Q} - \int_L \delta\boldsymbol{W}^T \boldsymbol{q}\mathrm{d}z = 0 \\
&\qquad \forall \delta\boldsymbol{\varepsilon}_s, \ \delta\boldsymbol{\varepsilon}_c, \ \delta\boldsymbol{d}_{slip}, \ \delta\theta_d, \ \delta\boldsymbol{W}
\end{aligned}
\tag{6-11}
$$

式中，A_s 和 A_c 分别代表钢梁和混凝土板的截面面积；L 为曲线钢-混凝土组合箱梁的跨长（过形心 O 的圆弧长度）。

为了表述简洁，变量和公式在后续采用矩阵的形式来表述。

1. 钢梁和混凝土板的内部虚拟工作

式（6-11）中的前两项 $\int_L \oiint_{A_s} \delta\varepsilon_s^T \sigma_s \mathrm{d}a\mathrm{d}z$ 和 $\int_L \oiint_{A_c} \delta\varepsilon_c^T \sigma_c \mathrm{d}a\mathrm{d}z$ 分别代表钢梁和混凝土板变形产生的内虚功。其中 ε_s 和 ε_c 分别为钢梁和混凝土板的应变矩阵，分别见式（6-12）和式（6-13），分别包括正应变和切应变。根据式（6-8）和式（6-9），应变矩阵可按式（6-14）表达。

$$\boldsymbol{\varepsilon}_s = (\varepsilon_s \quad \gamma_s)^T \tag{6-12}$$

$$\boldsymbol{\varepsilon}_c = (\varepsilon_c \quad \gamma_c)^T \tag{6-13}$$

$$\boldsymbol{\varepsilon}_k = \boldsymbol{SB}_k\boldsymbol{d} \tag{6-14}$$

其中矩阵 S 和矩阵 d 分别如式（6-15）和式（6-16），矩阵 d 的各分量见式（6-17）～

式（6-24）。

$$S = \begin{pmatrix} 1 & x & y & \omega & \omega_{\mathrm{d}} & \psi_{\mathrm{c}} & \psi_{\mathrm{s}} & 0 & 0 & 0 & 0 \\ 0 & 0 & 0 & 0 & 0 & 0 & 0 & r^* & \dfrac{\partial \omega}{\partial s} & \psi_{\mathrm{c,x}} & \psi_{\mathrm{s,x}} \end{pmatrix} \tag{6-15}$$

$$d = ([u] \quad [v] \quad [w] \quad [\theta] \quad [\beta] \quad [\theta_{\mathrm{d}}] \quad [\Omega] \quad [f])^{\mathrm{T}} \tag{6-16}$$

$$[u] = (u \quad u' \quad u'') \tag{6-17}$$

$$[v] = (v \quad v' \quad v'') \tag{6-18}$$

$$[w] = (w \quad w') \tag{6-19}$$

$$[\theta] = (\theta \quad \theta') \tag{6-20}$$

$$[\beta] = (\beta \quad \beta') \tag{6-21}$$

$$[\theta_{\mathrm{d}}] = (\theta_{\mathrm{d}} \quad \theta_{\mathrm{d}}' \quad \theta_{\mathrm{d}}'') \tag{6-22}$$

$$[\Omega] = (2\Omega_x \quad 2\Omega_x' \quad 2\Omega_z \quad 2\Omega_z') \tag{6-23}$$

$$[f] = (f_{\mathrm{c}} \quad f_{\mathrm{c}}' \quad f_{\mathrm{s}} \quad f_{\mathrm{s}}') \tag{6-24}$$

矩阵 $[B_k]_{11 \times 23}$ 的元素取值参见附录 C。

钢梁的应力矩阵 σ_{s} 见式（6-25），包括正应力分量 σ_{s} 和切应力分量 γ_{s}。

$$\sigma_{\mathrm{s}} = (\sigma_{\mathrm{s}} \quad \tau_{\mathrm{s}})^{\mathrm{T}} \tag{6-25}$$

根据假定（7），钢梁的应力矩阵 σ_{s} 和应变矩阵 ε_{s} 的关系式见式（6-26）。

$$\sigma_{\mathrm{s}} = E_{\mathrm{s}} C_{\mathrm{s}} \varepsilon_{\mathrm{s}} \tag{6-26}$$

其中关系矩阵 C_{s} 见式（6-27），E_{s} 为钢材的弹性模量，μ_{s} 为钢材的泊松比。

$$C_{\mathrm{s}} = \begin{pmatrix} 1 & 0 \\ 0 & \dfrac{1}{2(1+\mu_{\mathrm{s}})} \end{pmatrix} \tag{6-27}$$

混凝土板的应力矩阵 σ_{c} [式（6-28）]包括正应力分量 σ_{c} 和切应力分量 τ_{c}：

$$\sigma_{\mathrm{c}} = (\sigma_{\mathrm{c}} \quad \tau_{\mathrm{c}})^{\mathrm{T}} \tag{6-28}$$

基于假定（9），考虑混凝土的收缩徐变效应，引入徐变函数 $J(t, t_0)$ 和收缩应变矩阵 $\varepsilon_{\mathrm{c,sh}}(t)$，得到混凝土的应力矩阵和应变矩阵关系表达式，见式（6-29）。

$$\varepsilon_{\mathrm{c}}(t) - \varepsilon_{\mathrm{c,sh}}(t) = J(t,t_0) C_{\mathrm{c}}^{-1} \sigma_{\mathrm{c}}(t_0) + \int_{t_0}^{t} J(t,\tau) C_{\mathrm{c}}^{-1} \mathrm{d}\sigma_{\mathrm{c}}(\tau) \tag{6-29}$$

式中，t 代表混凝土的龄期；t_0 代表混凝土的初始加载龄期；$\varepsilon_{\mathrm{c,sh}}(t)$ 代表混凝土 t 时刻的收缩应变，收缩应变矩阵 $\varepsilon_{\mathrm{c,sh}}$ 表示见式（6-30）；关系矩阵 C_{c} 见式（6-31），μ_{c} 为混凝土的泊松比。

$$\varepsilon_{\mathrm{c,sh}} = (\varepsilon_{c,sh} \quad 0)^{\mathrm{T}} \tag{6-30}$$

$$C_{\mathrm{c}} = \begin{pmatrix} 1 & 0 \\ 0 & \dfrac{1}{2(1+\mu_{\mathrm{c}})} \end{pmatrix} \tag{6-31}$$

2. 接口卡瓦内部虚功

式（6-11）$\iint_{L\,2b_{\mathrm{ts}}} \delta d_{\mathrm{slip}}^{\mathrm{T}} q_{\mathrm{sh}} \mathrm{d}x\mathrm{d}z$ 代表钢梁和混凝土板之间的界面滑移产生的内虚功。基于式（6-6）和式（6-7），界面滑移矩阵 d_{slip} 表达见式（6-32），包括界面横向滑移 u_{sp} 和界面纵向滑移 w_{sp} 2 个元素。

$$d_{slip} = (u_{sp} \quad w_{sp})^T = S_\Omega B_\Omega d \tag{6-32}$$

式中，S_Ω 是二维单位方阵；$[B_\Omega]_{2\times23}$ 的元素取值见附录 C。

根据假定（9），界面剪力向量 q_{sh}（包括界面单位面积的横向剪力 q_{us} 和界面单位面积的纵向剪力 q_{ws}）与界面滑移向量 d_{slip} 的关系式见式（6-33）。

$$q_{sh} = (q_{us} \quad q_{ws})^T = \rho_{slip} d_{slip} \tag{6-33}$$

剪力连接刚度矩阵 ρ_{slip} 见式（6-34）。

$$\rho_{slip} = \begin{pmatrix} \rho_u & 0 \\ 0 & \rho_w \end{pmatrix} \tag{6-34}$$

式中，ρ_u 和 ρ_w 分别代表界面单位面积上横向和纵向的剪力连接刚度。

3. 变形的内部虚功

式（6-11）$\int_L \delta\theta_d K_R \theta_d dz$ 代表截面横向框架抗畸变效应产生的内虚功。箱梁截面抗畸变刚度 K_R 的计算公式参见 Nakai 和 Yoo 的研究。

4. 虚拟外部工作

式（6-11）$-\sum\delta W^T Q$ 和 $-\int_L \delta W^T q dz$ 代表作用于任意位置处的外荷载产生的外虚功。根据式（6-1）～式（6-3），任意点 P 的位移向量见式（6-35）。

$$W = (W_{nk} \quad W_{sk} \quad W_{zk})^T = H_1 D + H_2 D' \tag{6-35}$$

矩阵 D、矩阵 H_1 和矩阵 H_2 的表达式见式（6-36）～式（6-38）。

$$D = (u \quad v \quad w \quad \theta \quad \beta \quad \theta_d \quad 2\Omega_x \quad 2\Omega_z \quad f_c \quad f_s)^T \tag{6-36}$$

$$[H_1]_{3\times10} = ([A_1]^T \quad [A_2]^T \quad [A_3]^T)^T \tag{6-37}$$

$$[H_2]_{3\times10} = ([0]_{1\times10}^T \quad [0]_{1\times10}^T \quad [A_4]^T)^T \tag{6-38}$$

矩阵 A_1 和 A_2 见式（6-39）和式（6-40）。

$$A_1 = (\cos\alpha \quad -\sin\alpha \quad 0 \quad -\rho_n \quad 0 \quad -D_n \quad \frac{a_k\cos\alpha}{2} \quad 0 \quad 0 \quad 0) \tag{6-39}$$

$$A_2 = (-\sin\alpha \quad -\cos\alpha \quad 0 \quad \rho_s \quad 0 \quad D_s \quad -\frac{a_k\sin\alpha}{2} \quad 0 \quad 0 \quad 0) \tag{6-40}$$

当外荷载施加于混凝土板时，矩阵 A_3 见式（6-41）。

$$A_3 = (0 \quad 0 \quad 1-xk_0 \quad 0 \quad -\omega \quad 0 \quad 0 \quad \frac{a_k(1-xk_0)}{2} \quad \psi_c \quad 0) \tag{6-41}$$

当外荷载施加于钢梁时，矩阵 A_3 见式（6-42）。

$$A_3 = \begin{pmatrix} 0 & 0 & 1-xk_0 & 0 & -\omega & 0 & 0 & \frac{a_k(1-xk_0)}{2} & 0 & \psi_s \end{pmatrix} \tag{6-42}$$

矩阵 A_4 见式（6-43）。

$$A_4 = [-x \quad -(y+\omega k_0) \quad 0 \quad 0 \quad 0 \quad -\omega_d \quad 0 \quad 0 \quad 0 \quad 0] \tag{6-43}$$

集中荷载矩阵 Q 和分布荷载矩阵 q 分别见式（6-44）和式（6-45）。

$$Q = (Q_n \quad Q_s \quad Q_z)^T \tag{6-44}$$

$$q = (q_n \quad q_s \quad q_z)^T \tag{6-45}$$

式中，Q_n、Q_s 和 Q_z 分别代表沿着 n 轴、s 轴和 z 轴的集中荷载；q_n、q_s 和 q_z 分别代表沿着 n 轴、s 轴和 z 轴的分布荷载。

需要说明的是，以上理论模型可以考虑荷载作用于任意位置的情况。

综上，本章提出了曲线钢-混凝土组合箱梁考虑轴弯、约束扭转、畸变、剪力滞和界面双向滑移效应的一维理论模型。

6.3 分析模型的数值过程

曲线钢-混凝土组合箱梁一维理论模型的求解包括时间域和空间域 2 个维度上的求解。在时间域上，采用较为精确的逐步计算法，为了节省计算空间而不存储应力历史，对徐变函数进行 Dirichlet 级数拟合；在空间域上，采用有限单元法，将结构离散为多个 2 节点的梁单元，计算其单元刚度矩阵和单元节点等效荷载矩阵，再集成整体刚度矩阵和整体等效荷载矩阵。

6.3.1 时间积分：基于开尔文流变模型的增量逐步法

Bazant 等提出混凝土总应变为瞬时应变、收缩应变、徐变应变和温度应变的叠加。其中收缩应变和温度应变与结构受力无关，整体结构计算模型中考虑收缩和温度效应影响时相当于给结构施加初应变，处理方法较为简单；而瞬时应变和徐变应变与结构受力相关，应力和应变都随时间发展而变化，而应变又与应力相关，此过程的数值分析较为复杂。为尽可能提高精度，采用逐步递增法，并引入 Dirichlet 级数拟合徐变函数，采用不存储应力历史的逐步计算法。式（6-46）给出了将徐变函数 $J(t, t_0)$ 的 Dirichlet 级数展开形式。

$$J(t,t_0) = \frac{1}{E_0(t_0)} + \sum_{i=1}^{m} \frac{1}{D_i(t_0)}(1-\mathrm{e}^{-(t-t_0)/\tau_i}) \tag{6-46}$$

Bazant 建议对混凝土徐变问题取 $m=4$ 足以保证按级数展开的精度，并建议延迟时间 $t_i = 10^{i-1}$ $(i=1, 2, \cdots, m)$。在已知 $J(t, t_0)$ 的前提下可通过最小二乘算法得到式（6-46）中的 $E_0(t_0)$ 和 $D_i(t_0)$ $(i=1, 2, \cdots, m)$。

对于混凝土的徐变特性，诸多学者均提出可采用流变模型来模拟徐变的宏观力学行为。常见的流变模型包括开尔文流变模型和麦克斯韦流变模型。麦克斯韦流变模型适用于松弛行为的模拟，而开尔文流变模型则更适合混凝土徐变行为的模拟。开尔文流变模型的基本原理如图 6-3 所示。

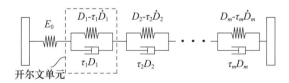

图 6-3　开尔文流变模型基本原理

本研究不考虑温度效应的影响。设混凝土的瞬时应变矩阵为 $\boldsymbol{\varepsilon_{c,0}} = (\varepsilon_{c,0} \quad \gamma_{c,0})^{\mathrm{T}}$（包括瞬时正应变分量 $\varepsilon_{c,0}$ 和瞬时切应变分量 $\gamma_{c,0}$）和徐变应变矩阵为 $\boldsymbol{\varepsilon_{c,cr}} = (\varepsilon_{c,cr} \quad \gamma_{c,cr})^{\mathrm{T}}$（包括徐变正应变分量 $\varepsilon_{c,cr}$ 和徐变切应变分量 $\gamma_{c,cr}$），结合 $J(t, t_0)$ 按 Dirichlet 级数展开的结果，Bazant 给出了开尔文流变模型的基本力学公式，见式（6-47）～式（6-49）。

$$\dot{\boldsymbol{\varepsilon}}_{c,0}(t) = \frac{\boldsymbol{C}_c^{-1}\dot{\boldsymbol{\sigma}}_c(t)}{E_0(t)} \tag{6-47}$$

$$\dot{\boldsymbol{\varepsilon}}_{c,cr,i}(t) + \tau_i\ddot{\boldsymbol{\varepsilon}}_{c,\sigma,i}(t) = \frac{\boldsymbol{C}_c^{-1}\dot{\boldsymbol{\sigma}}_c(t)}{D_i(t)} \tag{6-48}$$

$$\boldsymbol{\varepsilon}_{c,0}(t) + \sum_{i=1}^{m}\boldsymbol{\varepsilon}_{c,\sigma,i}(t) + \boldsymbol{\varepsilon}_{c,sh}(t) = \boldsymbol{\varepsilon}_c(t) \tag{6-49}$$

可知式（6-47）～式（6-49）正是图 6-3 中开尔文流变模型的公式化表达。

为了采用逐步递增法，将 t_0 到 t 的时间过程离散为 $\Delta t_n = t_n - t_{n-1}$（$n \geqslant 1$）的形式，求解 Δt_n 内的 $\Delta\boldsymbol{\varepsilon}_c^n$，$\Delta\boldsymbol{\varepsilon}_{c,cr}^n$，$\Delta\boldsymbol{\varepsilon}_{c,sh}^n$ 和 $\Delta\boldsymbol{\sigma}_c^n$。这些变量中，$\Delta\boldsymbol{\varepsilon}_{c,sh}^n$ 与应力无关，可通过收缩应变的依时本构关系得到；$\Delta\boldsymbol{\varepsilon}_c^n$ 可以通过位移矩阵 $\boldsymbol{d}$ 得到；而 $\Delta\boldsymbol{\varepsilon}_{c,cr}^n$ 和 $\Delta\boldsymbol{\sigma}_c^n$ 的计算较为复杂，需通过递归法予以实现。

以第 n 个时间步 Δt_n 为例，根据式（6-50），$\Delta\boldsymbol{\varepsilon}_{c,cr}^n$ 与上一个时间步 Δt_{n-1} 的中间变量 $\boldsymbol{\gamma}_i^{n-1}$ 相关；在得到 $\Delta\boldsymbol{\varepsilon}_{c,cr}^n$ 后，可根据式（6-51）得到 $\Delta\boldsymbol{\sigma}_c^n$，其中 $\overline{E}_c^n$ 称为概念增量弹性模量，可由式（6-52）计算得到；当前时间步 Δt_n 的中间变量 $\boldsymbol{\gamma}_i^n$ 可根据式（6-53）计算得到，并作为下一时间步计算徐变应变增量的中间变量；之后进入下一个时间步 Dt_{n+1}，继续重复上述的计算过程。

$$\Delta\boldsymbol{\varepsilon}_{c,cr}^n = \begin{cases} [0]_{2\times1} & n = 0 \\ \sum_{i=0}^{m}(1-\beta_i^n)\boldsymbol{\gamma}_i^{n-1} & n \geqslant 1 \end{cases} \tag{6-50}$$

$$\Delta\boldsymbol{\sigma}_c^n = \overline{E}_c^n\boldsymbol{C}_c(\Delta\boldsymbol{\varepsilon}_c^n - \Delta\boldsymbol{\varepsilon}_{c,cr}^n - \Delta\boldsymbol{\varepsilon}_{c,sh}^n) \tag{6-51}$$

$$\overline{E}_c^n = \begin{cases} E_0^0 & n = 0 \\ \dfrac{1}{\sum_{i=0}^{m}\dfrac{1-\lambda_i^n}{D_i^{n-1/2}} + \dfrac{1}{E_0^{n-1/2}}} & n \geqslant 1 \end{cases} \tag{6-52}$$

$$\boldsymbol{\gamma}_i^n = \begin{cases} \dfrac{\boldsymbol{C}_c^{-1}\Delta\boldsymbol{\sigma}_c^n}{D_i^n} & n = 0 \\ \lambda_i^n\dfrac{\boldsymbol{C}_c^{-1}\Delta\boldsymbol{\sigma}_c^n}{D_i^{n-1/2}} + \beta_i^n\boldsymbol{\gamma}_i^{n-1} & n \geqslant 1 \end{cases} \tag{6-53}$$

其中涉及 2 个标量，见式（6-54）、式（6-55）。

$$\beta_i^n = e^{-\Delta_n/\tau_i} \quad n \geqslant 1 \tag{6-54}$$

$$\lambda_i^n = \frac{\tau_i}{\Delta t_n}(1-\beta_i^n) \quad n \geqslant 1 \tag{6-55}$$

由式（6-50）～式（6-55）可以看出，中间变量 $\boldsymbol{\gamma}_i^n$ 是实现 $\Delta\boldsymbol{\varepsilon}_{c,cr}^n$ 和 $\Delta\boldsymbol{\sigma}_c^n$ 递归计算过程的关键。当前时间步的 $\boldsymbol{\gamma}_i^n$ 会参与到下一时间步 $\Delta\boldsymbol{\varepsilon}_{c,cr}^{n+1}$ 和 $\Delta\boldsymbol{\sigma}_c^{n+1}$ 的计算中。中间变量使得当前时间步的应力增量和徐变应变增量仅与上一个时间步的计算结果相关，如此避免了应力和应变历史的存储。

6.3.2 空间积分：26 个自由度的有限梁单元

采用精度高和稳定性强的有限单元算法实现一维理论模型空间域的求解。与式（6-11）类似，在时间增量步 Δt_n 内同样满足虚功原理见式（6-56）。

$$\delta(\Delta\Pi)=\int_L\oiint_{A_s}\delta\boldsymbol{\varepsilon}_s^{\mathrm{T}}(\Delta\boldsymbol{\sigma}_s^n)\mathrm{d}a\mathrm{d}z+\int_L\oiint_{A_c}\delta\boldsymbol{\varepsilon}_c^{\mathrm{T}}(\Delta\boldsymbol{\sigma}_c^n)\mathrm{d}a\mathrm{d}z+\int_L\int_{2b_{ts}}\delta\boldsymbol{d}_{\mathrm{slip}}^{\mathrm{T}}(\Delta\boldsymbol{q}_{\mathrm{sh}}^n)\mathrm{d}x\mathrm{d}z+$$

$$\int_L\delta\theta_\mathrm{d}K_\mathrm{R}(\Delta\theta_\mathrm{d}^n)\mathrm{d}z-\sum\delta\boldsymbol{W}^{\mathrm{T}}(\Delta\boldsymbol{Q}^n)-\int_L\delta\boldsymbol{W}^{\mathrm{T}}(\Delta\boldsymbol{q}^n)\mathrm{d}z=0$$

$$\forall\,\delta\boldsymbol{\varepsilon}_s,\delta\boldsymbol{\varepsilon}_c,\delta\boldsymbol{d}_{\mathrm{slip}},\delta\theta_\mathrm{d},\delta\boldsymbol{W}\qquad\qquad(6\text{-}56)$$

将曲线钢-混凝土组合箱梁离散成 2 节点 26 个自由度的有限梁单元，每个节点包含 13 个自由度。单元节点位移矩阵 $\boldsymbol{d}_e$ 见式（6-57）和式（6-58）。

$$\boldsymbol{d}_e=(\boldsymbol{d}_{e1}\quad\boldsymbol{d}_{e2})^{\mathrm{T}}\qquad\qquad(6\text{-}57)$$

$$\boldsymbol{d}_{ei}=(u_i\quad u_i'\quad v_i\quad v_i'\quad w_i\quad \theta_i\quad \beta_i\quad \theta_{di}\quad \theta_{di}'\quad 2\Omega_{xi}\quad 2\Omega_{zi}\quad f_{ci}\quad f_{si})\qquad i=1,\,2$$

$$(6\text{-}58)$$

根据位移矩阵 $\boldsymbol{d}$ 和 $\boldsymbol{D}$ 见式（6-59）和式（6-60），分别引入形函数矩阵 $[\boldsymbol{N}]_{23\times26}$ 和 $[\boldsymbol{N}_\mathrm{F}]_{10\times26}$，使得

$$\boldsymbol{d}=\boldsymbol{N}\boldsymbol{d}_e\qquad\qquad(6\text{-}59)$$

$$\boldsymbol{D}=\boldsymbol{N}_\mathrm{F}\boldsymbol{d}_e\qquad\qquad(6\text{-}60)$$

式中，形函数矩阵 $\boldsymbol{N}$ 和 $\boldsymbol{N}_\mathrm{F}$ 元素的取值见附录 D。

将式（6-14）、式（6-26）、式（6-32）、式（6-33）、式（6-35）、式（6-50）～式（6-53）、式（6-59）和式（6-60）代入式（6-56），得到曲线钢-混凝土组合箱梁在时间步 $\mathrm{D}t_n$ 内的平衡方程见式（6-61）。

$$\boldsymbol{K}^n\Delta\boldsymbol{d}_e^n=\Delta\boldsymbol{F}^n\qquad\qquad(6\text{-}61)$$

式中，$\boldsymbol{K}^n$ 是时间增量步 Δt_n 的增量刚度矩阵；$\Delta\boldsymbol{d}_e^n$ 是时间增量步 Δt_n 的增量单元节点位移矩阵；$\Delta\boldsymbol{F}^n$ 是时间增量步 Δt_n 的增量单元节点等效荷载矩阵。

增量刚度矩阵 $\boldsymbol{K}^n$ 的计算公式见式（6-62）。

$$\boldsymbol{K}^n=\int_{l_e}\boldsymbol{N}^{\mathrm{T}}\left(E_s\iint_{A_s}\boldsymbol{B}_s^{\mathrm{T}}\boldsymbol{S}^{\mathrm{T}}\boldsymbol{C}_s\boldsymbol{S}\boldsymbol{B}_s\mathrm{d}a+\overline{E}_c^n\iint_{A_c}\boldsymbol{B}_c^{\mathrm{T}}\boldsymbol{S}^{\mathrm{T}}\boldsymbol{C}_c\boldsymbol{S}\boldsymbol{B}_c\mathrm{d}a+\int_{2b_{ts}}\boldsymbol{B}_\Omega^{\mathrm{T}}\boldsymbol{S}_\Omega^{\mathrm{T}}\boldsymbol{\rho}_{\mathrm{slip}}\boldsymbol{S}_\Omega\boldsymbol{B}_\Omega\mathrm{d}x+\boldsymbol{T}_\mathrm{R}\right)\boldsymbol{N}\mathrm{d}z$$

$$(6\text{-}62)$$

式中，$\boldsymbol{T}_\mathrm{R}$ 为曲线钢-混凝土组合箱梁的截面抗畸变刚度矩阵，矩阵中 $\boldsymbol{T}_\mathrm{R}(13,13)=K_\mathrm{R}$，其余元素等于 0；$l_e$ 为有限梁单元的长度。

增量单元节点等效荷载矩阵 $\Delta\boldsymbol{F}^n$ 见式（6-63）。

$$\Delta\boldsymbol{F}^n=\Delta\boldsymbol{F}_{\mathrm{ext}}^n+\Delta\boldsymbol{F}_{\mathrm{cr}}^n+\Delta\boldsymbol{F}_{\mathrm{sh}}^n\qquad\qquad(6\text{-}63)$$

$\Delta\boldsymbol{F}^n$ 由 3 部分组成，其中 $\Delta\boldsymbol{F}_{\mathrm{ext}}^n$ 为由增量步内外荷载产生的单元节点等效荷载矩阵，$\Delta\boldsymbol{F}_{\mathrm{cr}}^n$ 为增量步内由徐变应变产生的单元节点等效荷载矩阵，$\Delta\boldsymbol{F}_{\mathrm{sh}}^n$ 为增量步内由收缩应变产生的单元节点等效荷载矩阵。3 个荷载矩阵的计算公式，见式（6-64）～式（6-66）。

$$\Delta\boldsymbol{F}_{\mathrm{ext}}^n=\int_{l_e}(\boldsymbol{N}_\mathrm{F}^{\mathrm{T}}\boldsymbol{H}_1^{\mathrm{T}}+\boldsymbol{N}_\mathrm{F}'^{\mathrm{T}}\boldsymbol{H}_2^{\mathrm{T}})\Delta\boldsymbol{q}^n\mathrm{d}z+(\boldsymbol{N}_\mathrm{F}^{\mathrm{T}}\boldsymbol{H}_1^{\mathrm{T}}+\boldsymbol{N}_\mathrm{F}'^{\mathrm{T}}\boldsymbol{H}_2^{\mathrm{T}})\Delta\boldsymbol{Q}^n\qquad(6\text{-}64)$$

$$\Delta\boldsymbol{F}_{\mathrm{cr}}^n=\int_{l_e}\boldsymbol{N}^{\mathrm{T}}\boldsymbol{B}_c^{\mathrm{T}}\left(\overline{E}_c^n\oiint_{A_c}\boldsymbol{S}^{\mathrm{T}}\boldsymbol{C}_c\Delta\boldsymbol{\varepsilon}_{\mathrm{c,cr}}^n\mathrm{d}a\right)\mathrm{d}z\qquad\qquad(6\text{-}65)$$

$$\Delta\boldsymbol{F}_{\mathrm{sh}}^n=\int_{l_e}\boldsymbol{N}^{\mathrm{T}}\boldsymbol{B}_c^{\mathrm{T}}\left(\overline{E}_c^n\oiint_{A_c}\boldsymbol{S}^{\mathrm{T}}\boldsymbol{C}_c\Delta\boldsymbol{\varepsilon}_{\mathrm{c,sh}}^n\mathrm{d}a\right)\mathrm{d}z\qquad\qquad(6\text{-}66)$$

综合上述时间域和空间域的求解算法，提出曲线钢-混凝土组合箱梁考虑轴弯、约束扭转、畸变、剪力滞、界面双向滑移和时变效应的一维理论模型的求解步骤。

(1) 根据式（6-54）和式（6-55）计算 β_i^n 和 λ_i^n；根据式（6-46）将 $J(t, t_{n-1/2})$ 按最小二乘算法拟合成 Dirichlet 级数的形式，得到 $E_0^{n-1/2}$ 和 $D_i^{n-1/2}$ ［当 $n=0$ 时，拟合 $J(t, t_0)$ 得到 E_0^0 和 D_i^0］；再根据式（6-52）计算 $\overline{E}_c^n$。

(2) 计算 $\Delta\boldsymbol{\varepsilon}_{c,sh}^n$；根据式（6-50）计算 $\Delta\boldsymbol{\varepsilon}_{c,cr}^n$。

(3) 根据式（6-62）计算 $\boldsymbol{K}^n$；根据式（6-64）～式（6-66）计算 $\Delta\boldsymbol{F}_{ext}^n$、$\Delta\boldsymbol{F}_{cr}^n$ 和 $\Delta\boldsymbol{F}_{sh}^n$；根据式（6-63）计算 $\Delta\boldsymbol{F}^n$；根据式（6-61）计算 $\Delta\boldsymbol{d}_e^n$。

(4) 根据式（6-59）和式（6-14）计算 $\Delta\boldsymbol{\varepsilon}_c^n$。

(5) 根据式（6-51）计算 $\Delta\boldsymbol{\sigma}_c^n$。

(6) 根据式（6-53）计算 $\boldsymbol{\gamma}_i^n$。用以计算下一个时间增量步的 $\Delta\boldsymbol{\varepsilon}_{c,cr}^n$。

(7) 返回（1），进行下一个时间增量步的新一轮计算。

综上，这个研究提出了曲线钢-混凝土组合箱梁考虑轴弯、约束扭转、畸变、剪力滞、界面双向滑移和时变效应的具有 26 个自由度的有限梁单元。

6.4　梁有限元模型的试验研究与验证

6.4.1　试验研究

1. 试样设计

根据《钢结构设计标准》（GB 50017—2017）设计了 3 个曲线钢-混凝土组合箱梁试件。钢梁的钢材强度等级为 Q345C，混凝土板的混凝土强度等级为 C50。3 个试件的跨长（穿过圆心 O 的弧长）为 6000mm。混凝土板宽度 750mm，厚度 50mm；开口钢箱梁宽度（两道钢腹板间距）350mm，高度 300mm；钢梁下翼缘宽度 410mm，厚度 12mm；钢梁上翼缘宽度 100mm，厚度 8mm；钢腹板高度 280mm，厚度 12mm；沿梁跨等间距布置 7 道横隔板，横隔板厚度 8mm；栓钉焊接于钢梁上翼缘顶面，栓钉直径 13mm，高度 40mm。3 个试件的差别是：试件 CCB-1 和 CCB-3 的圆心角 45°，试件 CCB-2 的圆心角 25°；试件 CCB-1 和 CCB-2 沿梁跨方向各布置了 83 排栓钉，试件 CCB-3 沿梁跨方向布置了 23 排栓钉，图 6-4 为 3 个试件的几何尺寸与构造细节。图 6-5 为试件预制试样。

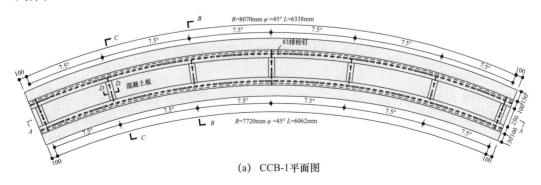

(a) CCB-1平面图

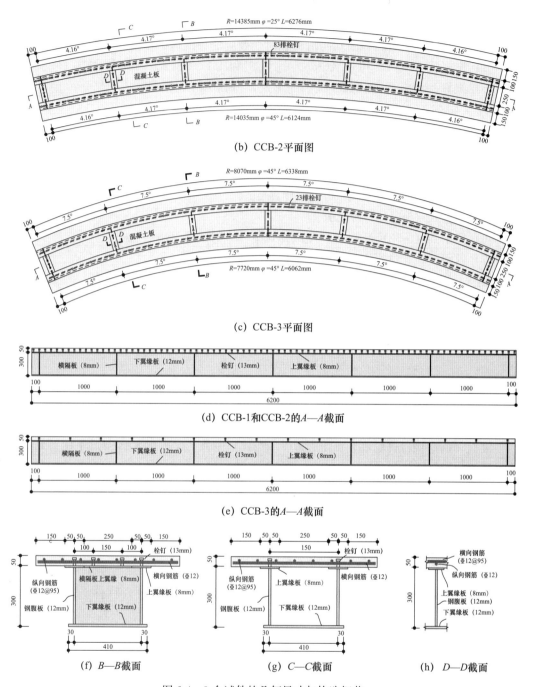

图 6-4　3 个试件的几何尺寸与构造细节

2. 测试设置

曲线钢-混凝土组合箱梁试件通过沙袋进行长期加载试验，如图 6-6 所示。每个试件上沿梁跨均匀放置了 60 个沙袋，共 30kN，可沿梁跨方向等效为施加于混凝土板顶面的 5kN/m 的均布荷载。试验边界条件为简支。初始加载龄期 t_0 为混凝土浇筑完成后的第 14 天，$t_0 = 14$ 天，加载至第 222 天后完成长期加载试验，$t_{fi} = 222$ 天。试验中温度控制在 18～20℃，湿度控制在 RH＝65％左右。

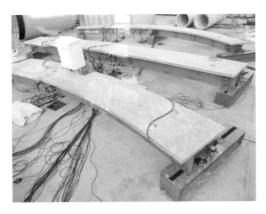

图 6-5　试件预制试样

（a）试验加载现场图

（b）加载示意图

图 6-6　曲线钢-混凝土组合箱梁加载试验

与此同时，进行了 C50 混凝土的时间相关的本构关系的材性试验。材性试验保持与曲线钢-混凝土组合箱梁长期加载试验相同的环境条件，图 6-7（a）给出了混凝土的徐变函数 J（t，t_0）与时间 t 的关系曲线，图 6-7（b）给出了混凝土的收缩应变 $\varepsilon_{c,sh}$（t）与时间 t 的关系曲线。2 条曲线分别采用公式。进行了拟合，公式与试验数据吻合良好，见式（6-67）和式（6-68）。

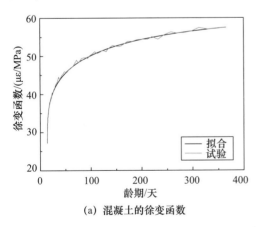

（a）混凝土的徐变函数

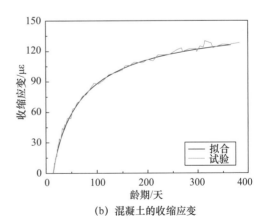

（b）混凝土的收缩应变

图 6-7　试样中所用混凝土的随时间变化的材料特性

$$J（t，t_0）=37.68\left(\frac{t-t_0}{342.42+t-t_0}\right)^{0.3}+27.26 \qquad (6\text{-}67)$$

$$\varepsilon_{c,sh}\ (t) = 200.72 \left(\frac{t-7}{t+93.45}\right)^{0.5} - 51.23 \tag{6-68}$$

3. 测试测量计划

图 6-8 为试件 CCB-1 的测量方案，其他 2 个试件的测试方案与此相同。首先，为测量曲线钢-混凝土箱梁的纵向正应变，在跨中截面和 1/4 跨截面各布置了 16 个应变片，布置在混凝土板顶面，钢腹板侧面和钢梁底板底面，如图 6-8 所示；其次，为测量曲梁的竖向挠度和转角，在跨中截面和 1/4 跨截面各布置了 2 个位移计，2 个位移计分别位于内、外钢腹板的正下方，如图 6-8（a）、图 6-8（c）、图 6-8（d）和图 6-8（e）所示；再次，为测量曲梁的界面纵向滑移，在端部支点截面布置 1 个滑动传感器，如图 6-8（a）和图 6-8（c）所示；最后，为测量曲梁的界面横向滑移，在跨中截面布置 2 个滑动传感器。

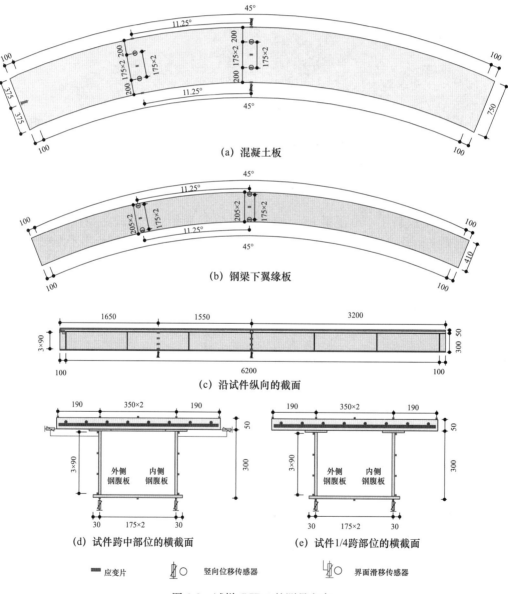

图 6-8　试样 CCB-1 的测量方案

6.4.2 梁有限元模型的验证

采用 MATLAB 2016 建立了 3 个试件的有限梁单元模型。通过网格敏感度试验发现，把结构划分成 14 个梁单元以上就可使计算结果的收敛性在 1% 以内。为了保证模型足够的精度，把模型分成 36 个单元和 37 个节点。表 6-1 列出了有限梁单元模型的位移边界条件。为了使有限梁单元模型位移边界条件与试验模型边界条件尽可能接近，在支点截面约束横向位移 u、竖向挠度 v、扭转角 θ 和界面横向滑移 Ω_x；在跨中截面约束纵向位移 w 和界面纵向滑移 Ω_z；横隔板处畸变角 θ_d 被约束有限梁单元模型中混凝土的 $J(t, t_0) - t$ 本构关系和 $\varepsilon_{c, sh} - t$ 本构关系分别按式（6-67）和式（6-68）计算，混凝土的泊松比 $\mu_c = 0.2$；钢材的弹性模量 $E_s = 2.06 \times 10^5$ MPa，钢材的泊松比 $\mu_s = 0.3$；基于 Ollgaard 等提出的栓钉的剪力-滑移关系曲线，并取栓钉抗剪极限承载力的 40% 时对应的割线刚度为单个栓钉的刚度，根据试件的栓钉间距和钢梁上翼缘板宽度，计算得到试件 CCB-1 和 CCB-2 界面单位面积上的横向和纵向剪力连接刚度为 $\rho_u = \rho_w = 7.86$ N/mm^3，试件 CCB-3 界面单位面积上的横向和纵向剪力连接刚度为 $\rho_u = \rho_w = 2.18$ N/mm^3。

表 6-1 有限梁单元模型的位移边界条件

截面位置	约束的自由度
梁的端部	u、v、θ、Ω_x
跨中	w、Ω_z
横隔板截面	θ_d

以下通过对比长期试验结果和有限梁单元模型计算结果以验证有限梁单元模型的准确性。

1. 挠度、界面滑移和旋转角度

图 6-9～图 6-11 对比了 3 个试件的挠度随时间发展的试验结果和有限梁单元模型计算结果。图 6-9（a）～图 6-11（a）为跨中截面处挠度的对比结果，图 6-9（b）～图 6-11（b）为 1/4 跨截面处挠度的对比结果。需要说明的是，竖向挠度试验值的计算方法为内、外钢腹板下方位移计测量结果取平均值。

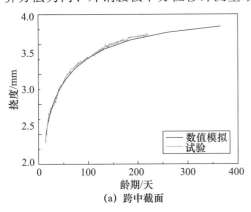

(a) 跨中截面

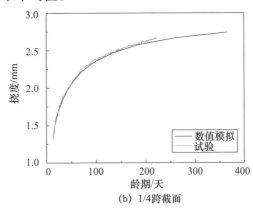

(b) 1/4跨截面

图 6-9 CCB-1 缺陷随时间变化

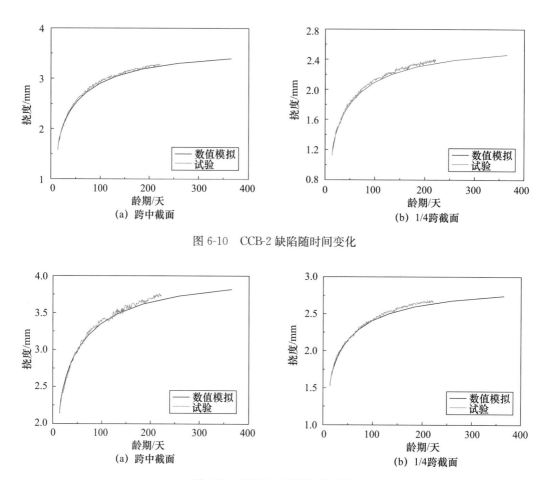

(a) 跨中截面　　　　　　　　　(b) 1/4跨截面

图 6-10　CCB-2 缺陷随时间变化

(a) 跨中截面　　　　　　　　　(b) 1/4跨截面

图 6-11　CCB-3 缺陷随时间变化

图 6-12～图 6-14 对比了 3 个试件的旋转角度随时间发展的试验结果和有限元模型计算结果。图 6-12（a）～图 6-14（a）为跨中截面处旋转角度的对比结果，图 6-12（b）～图 6-14（b）为 1/4 跨截面处旋转角度的对比结果。需要说明的是，旋转角度试验值的计算方法为（外钢腹板下方位移计测试值－内钢腹板下方位移计测试值）/钢腹板间距。

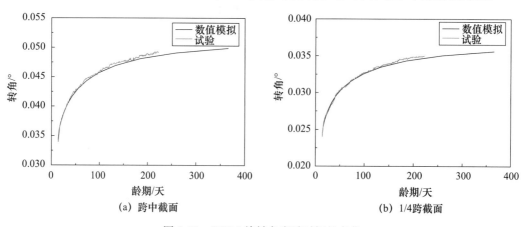

(a) 跨中截面　　　　　　　　　(b) 1/4跨截面

图 6-12　CCB-1 旋转角度随时间的变化

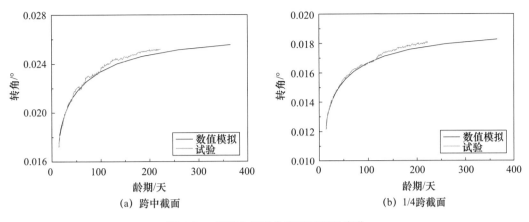

图 6-13　CCB-2 旋转角度随时间的变化

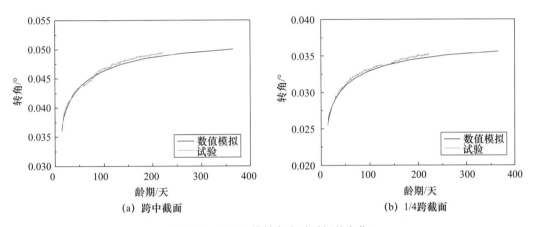

图 6-14　CCB-3 旋转角度随时间的变化

图 6-15～图 6-17 对比了 3 个试件的界面滑移随时间发展的试验结果和有限元模型计算结果。图 6-15（a）～图 6-17（a）为支座截面处界面纵向滑移的对比结果，图 6-15（b）～图 6-17（b）为跨中截面处界面横向滑移的对比结果。

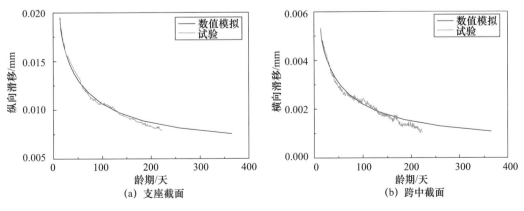

图 6-15　CCB-1 界面滑移随时间的变化

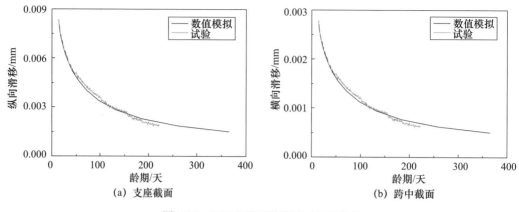

图 6-16 CCB-2 界面滑移随时间的变化

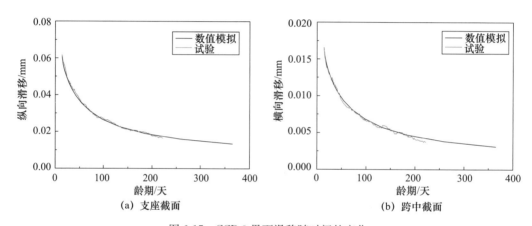

图 6-17 CCB-3 界面滑移随时间的变化

2. 拉紧

图 6-18 给出了试件 CCB-1 在初始加载时刻（14 天）和最终加载时刻（222 天）正应变沿截面分布的对比结果。图 6-18（a）为跨中截面的对比结果，图 6-18（b）为 1/4 跨截面的对比结果。由图 6-18 可知，扭转翘曲和畸变翘曲使得正应变在混凝土顶板以及钢梁底板的横向上并不相同。图 6-19 给出了试件 CCB-1 的 A 点和 B 点（A 点和 B 点的位置如图 18 所示）正应变随时间变化的试验结果和有限元计算结果的对比情况。

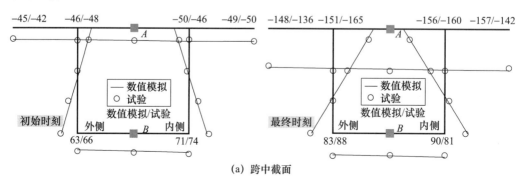

（a）跨中截面

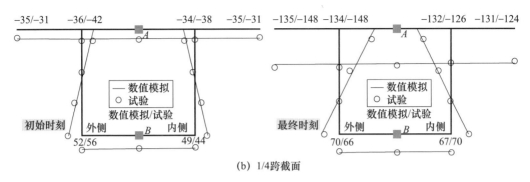

(b) 1/4跨截面

图 6-18　CCB-1 断面墙正应变分布

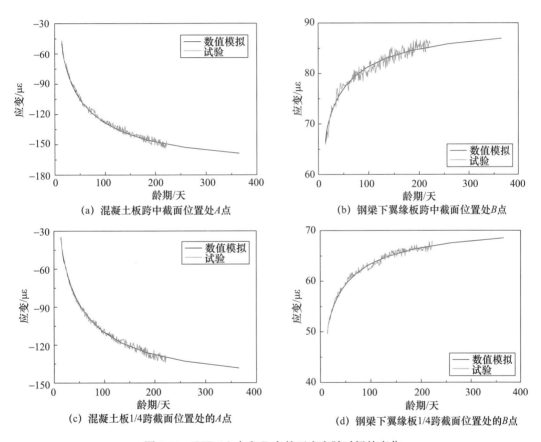

(a) 混凝土板跨中截面位置处A点

(b) 钢梁下翼缘板跨中截面位置处B点

(c) 混凝土板1/4跨截面位置处的A点

(d) 钢梁下翼缘板1/4跨截面位置处的B点

图 6-19　CCB-1A 点和 B 点的正应变随时间的变化

图 6-20 给出了试件 CCB-2 在初始加载时刻（14 天）和最终加载时刻（222 天）正应变沿截面分布的对比结果。图 6-20（a）为跨中截面的对比结果，图 6-20（b）为 1/4 跨截面的对比结果。图 6-21 给出了试件 CCB-2 的 A 点和 B 点（A 点和 B 点的位置如图 18 所示）正应变随时间变化的试验结果和有限元计算结果的对比情况。

图 6-22 给出了试件 CCB-3 在初始加载时刻（14 天）和最终加载时刻（222 天）正应变沿截面分布的对比结果。图 6-22（a）为跨中截面的对比结果，图 6-22（b）为 1/4 跨截面的对比结果。图 6-23 给出了试件 CCB-3 的 A 点和 B 点（A 点和 B 点的位置如图 18 所示）正应变随时间变化的试验结果和有限元计算结果的对比情况。

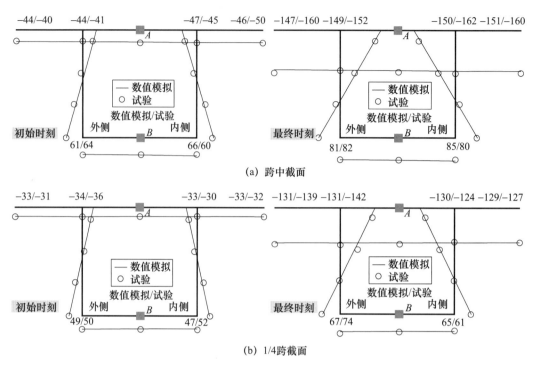

(a) 跨中截面

(b) 1/4跨截面

图 6-20　CCB-2 断面墙正应变分布

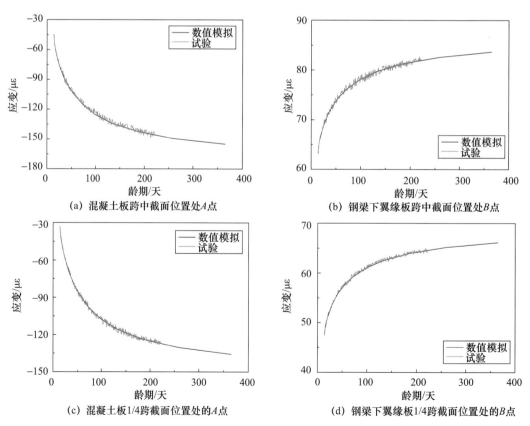

(a) 混凝土板跨中截面位置处A点

(b) 钢梁下翼缘板跨中截面位置处B点

(c) 混凝土板1/4跨截面位置处的A点

(d) 钢梁下翼缘板1/4跨截面位置处的B点

图 6-21　CCB-2A 点和 B 点的正应变随时间的变化

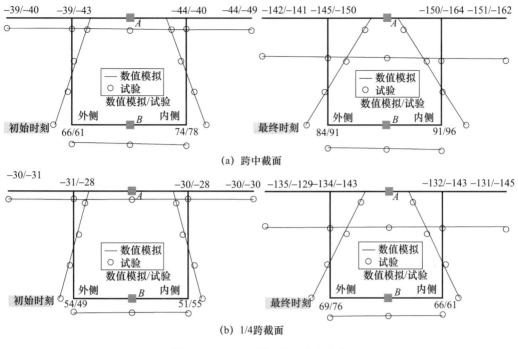

(a) 跨中截面

(b) 1/4跨截面

图 6-22 CCB-3 断面墙正应变分布

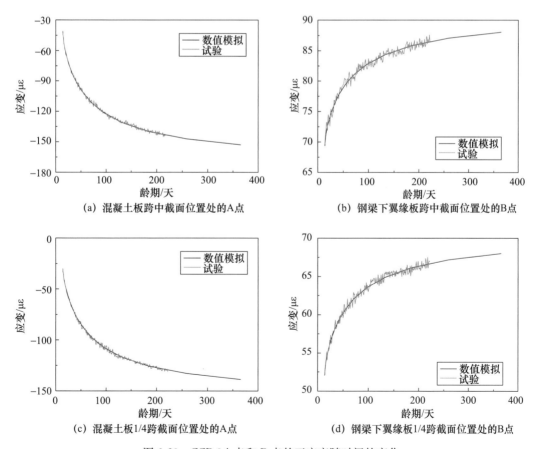

(a) 混凝土板跨中截面位置处的A点

(b) 钢梁下翼缘板跨中截面位置处的B点

(c) 混凝土板1/4跨截面位置处的A点

(d) 钢梁下翼缘板1/4跨截面位置处的B点

图 6-23 CCB-3 A 点和 B 点的正应变随时间的变化

综合上述关于挠度，旋转角度，界面滑移和应变的试验量测结果和有限元计算结果的对比情况，可以看出曲线钢-混凝土组合箱梁的有限梁单元模型可以很好地预测曲线钢-混凝土组合箱梁在收缩和徐变效应作用下的受力行为的依时变化情况，证明了提出的有限梁单元模型的准确性和适用性。

6.5 梁有限元模型的应用

采用提出的有限梁单元模型对实际工程中的 1 座简支曲线钢-混凝土组合箱梁的长期受力性能进行研究。选择的曲线钢-混凝土组合箱梁跨长 L（过截面形心的弧长）$=$ 40m，圆心角 $\varphi=30°$，沿梁跨方向等间距布置 7 道横隔板，混凝土板顶面被施加 80kN/m 的竖向均布荷载，具体几何参数和荷载情况如图 6-24 所示。钢材的弹性模量 $E_s=2.06\times 10^5$MPa，钢材的泊松比 $\mu_c=0.3$；混凝土板选择 C50 混凝土，即立方体抗压强度 $f_{ck}=$ 50MPa，混凝土的泊松比 $\mu_c=0.2$；混凝土收缩和徐变效应的计算模型采用 CEB-FIP 的规定，混凝土养护龄期 $t_{sh}=7$ 天，结构初始加载龄期 $t_0=28$ 天，最终加载时间 $t_{fi}=3$ 年（1095 天），环境相对湿度 RH$=75\%$；界面单位面积上的横向和纵向剪力连接刚度 $\rho_u=$ $\rho_w=5$N/mm³。据此建立了该简支曲线钢-混凝土组合箱梁的有限梁单元模型，边界条件和有限元网格划分情况与 6.4 节中试件的有限元模型相同。在参照模型基础上，通过改变圆心角，界面剪力连接刚度和横隔板数量，研究这些参数对曲线钢-混凝土组合箱梁长期受力性能的影响。

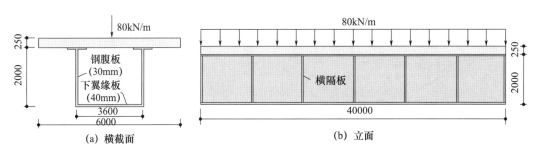

(a) 横截面　　　　　　(b) 立面

图 6-24　参考曲线钢-混凝土组合箱梁的几何参数和荷载情况

6.5.1　初始曲率的影响

研究圆心角 φ 分别为 10°、30° 和 60° 时曲线钢-混凝土组合箱梁的挠度和界面滑移。图 6-25（a）和图 6-25（b）分别给出了不同圆心角的曲线钢-混凝土组合箱梁初始加载时间和最终加载时间竖向挠度沿梁跨的分布。从图 6-25（a）和图 6-25（b）分别可以看出，初始曲率增大（圆心角增大）会显著提高结构的竖向挠曲变形，并且混凝土的收缩徐变效应使得结构的竖向挠度不断发展。通过图中标注的数值，圆心角为 10°、30° 和 60° 的曲线钢-混凝土组合箱梁的跨中竖向挠度随时间发展分别增长了 77.0%、74.0% 和 65.6%. 可知初始曲率增长削弱了收缩徐变效应对于竖向挠度的影响。

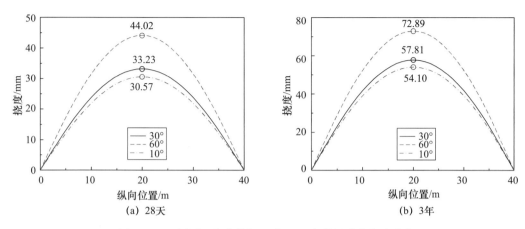

图 6-25 不同圆心角曲线钢-混凝土组合箱梁跨中挠度分布

　　图 6-26（a）和图 6-26（b）分别给出了不同圆心角的曲线钢-混凝土组合箱梁初始加载时间和最终加载时间界面纵向滑移沿梁跨的分布。从图 6-26（a）和图 6-26（b）分别可以看出，初始曲率增大（圆心角增大）会增大结构的界面纵向滑移，但混凝土收缩徐变效应使得界面纵向滑移随时间发展不断减弱。通过图中标注的数值，圆心角为 10°、30°和 60°的曲线钢-混凝土组合箱梁的支点截面的界面纵向滑移随时间发展分别减小了22.0%、18.6%和 20.8%。

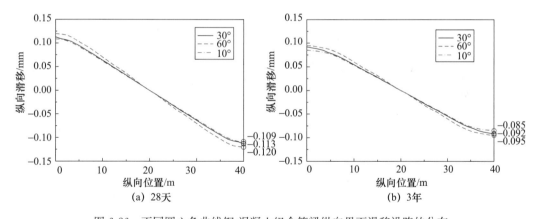

图 6-26 不同圆心角曲线钢-混凝土组合箱梁纵向界面滑移沿跨的分布

　　图 6-27（a）和图 6-27（b）分别给出了不同圆心角的曲线钢-混凝土组合箱梁初始加载时间和最终加载时间界面横向滑移沿梁跨的分布。从图 6-27（a）和图 6-27（b）分别可以看出，初始曲率增大（圆心角增大）会增大结构的界面横向滑移，但混凝土收缩徐变效应使得界面横向滑移随时间发展不断减弱。通过图中标注的数值，圆心角为 10°、30°和 60°的曲线钢-混凝土组合箱梁的跨中截面的界面横向滑移随时间发展分别减小了26.9%、26.7%和 25.5%。可知混凝土收缩徐变效应使得初始曲率增长对于界面横向滑移的减小效果有所减弱。

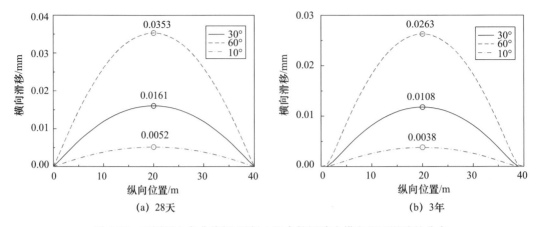

图 6-27　不同圆心角曲线钢-混凝土组合箱梁跨中横向界面滑移的分布

6.5.2　剪切连接刚度的影响

研究界面剪力连接刚度 $\rho_u = \rho_w$ 分别为 $0.05\text{N}/\text{mm}^3$、$0.5\text{N}/\text{mm}^3$、$5\text{N}/\text{mm}^3$ 和 $50\text{N}/\text{mm}^3$ 时曲线钢-混凝土组合箱梁的挠度和界面滑移。图 6-28（a）和图 6-28（b）分别给出了不同界面剪力连接刚度的曲线钢-混凝土组合箱梁初始加载时间和最终加载时间竖向挠度沿梁跨的分布。从图 6-28（a）和图 6-28（b）分别可以看出，界面剪力连接刚度减小会显著提高结构的竖向挠曲变形，并且混凝土的收缩徐变效应使得结构的竖向挠度不断发展。通过图中标注的数值，剪力连接刚度为 $0.05\text{N}/\text{mm}^3$、$0.5\text{N}/\text{mm}^3$、$5\text{N}/\text{mm}^3$ 和 $50\text{N}/\text{mm}^3$ 的曲线组合箱型梁的跨中竖向挠度随时间发展分别增长了 75.8%、74.0%、58.9% 和 17.8%。可知混凝土收缩徐变效应减弱了剪力连接刚度对于竖向挠度的影响。尤其是剪力连接刚度从 $5\text{N}/\text{mm}^3$ 到 $50\text{N}/\text{mm}^3$ 的情况，结构从初始加载到最终加载时间的竖向挠度只增长了 17.8%，混凝土收缩徐变效应对于竖向挠度的增长效果随剪力连接刚度的增大不断减弱。

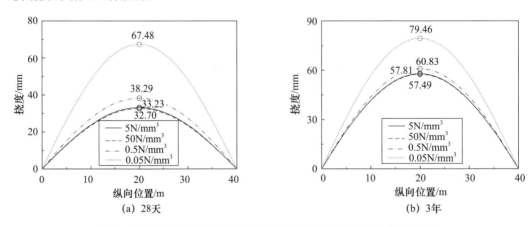

图 6-28　不同抗剪连接刚度曲线钢-混凝土组合箱梁跨中挠度分布

图 6-29（a）和图 6-29（b）分别给出了不同界面剪力连接刚度的曲线钢-混凝土组合箱梁初始加载时间和最终加载时间界面纵向滑移沿梁跨的分布。显然界面剪力连接刚

度直接影响界面滑移，剪力连接刚度的提高会直接降低界面纵向滑移。通过图 6-29（a）和图 6-29（b）的对比可知，混凝土收缩徐变效应降低了界面纵向滑移，剪力连接刚度为 0.5N/mm³、5N/mm³ 和 50N/mm³ 的曲线钢-混凝土组合箱梁的支点截面处的界面纵向滑移随时间发展分别降低了 24.7%、16.8% 和 14.3%。可知混凝土收缩徐变效应减弱了剪力连接刚度对界面纵向滑移的影响。

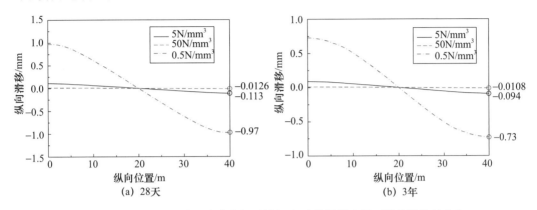

图 6-29 不同抗剪连接刚度曲线钢-混凝土组合箱梁纵向界面滑移沿跨的分布

图 6-30（a）和图 6-30（b）分别给出了不同界面剪力连接刚度的曲线钢-混凝土组合箱梁初始加载时间和最终加载时间界面横向滑移沿梁跨的分布。显然剪力连接刚度的提高会直接降低界面横向滑移。通过图 6-30（a）和图 6-30（b）的对比可知，混凝土收缩徐变效应降低了界面横向滑移，剪力连接刚度为 0.5N/mm³、5N/mm³ 和 50N/mm³ 的曲线钢-混凝土组合箱梁的跨中截面处的界面横向滑移随时间发展分别降低了 27.0%、26.7% 和 26.5%。可知混凝土收缩徐变效应减弱了剪力连接刚度对界面横向滑移的影响。

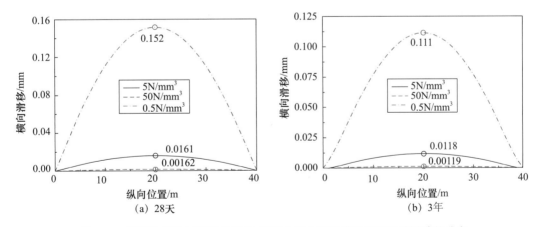

图 6-30 不同抗剪连接刚度曲线钢-混凝土组合箱梁横向界面滑移沿跨的分布

6.5.3 隔板的影响

研究横隔板数量分别为 2、3、4、5、6 和 7 时对曲线钢-混凝土组合箱梁畸变效应的影响，其中重点关注对畸变角的影响。横隔板沿梁跨方向等间距布置，横隔板数量等于 2 时代表只有两端布置横隔板，中间不布置横隔板。通过图 6-31（a）、图 6-31（b）、和图 6-31（c）的对比分析，可知横隔板数量为 4 和 5 时的畸变角比数量为 2 和 3 时的畸变角小 2 个数量级，横隔板数量为 6 和 7 时的畸变角比数量为 4 和 5 时的畸变角小 1 个数量级；相比于横隔板数量的影响，混凝土 3 年的收缩徐变效应使得畸变角的变化（主要是增长）明显很小。因此，对于曲线钢-混凝土组合箱梁的横隔板设计可以根据结构的短期受力行为而确定。

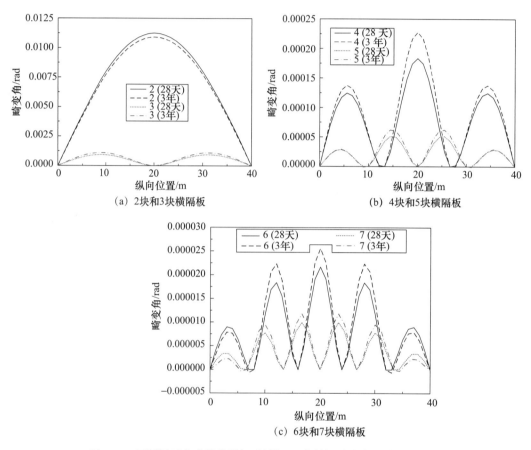

图 6-31　不同展开方式的曲线钢-混凝土组合箱梁畸变角沿跨度的分布

6.6　本章小结

本章研究对曲线钢-混凝土组合箱梁的长期力学性能进行了深入的分析、试验和数值研究，并建立了考虑约束扭转、变形、剪力滞、双向界面滑移和时间相关效应的曲线钢-混凝土组合箱梁有限梁元模型。本研究结果总结如下。

（1）以经典的 Vlasov 曲梁一维模型和薄壁结构理论为基础，引入 10 个未知函数［3 个平动位移函数：横向位移 $u(z)$ 函数、竖向位移 $v(z)$ 函数、纵向位移 $w(z)$ 函数。2 个转动角函数：扭转角 $\theta(z)$ 函数和畸变角 $\theta_d(z)$ 函数。2 个滑移函数：界面纵向滑移函数 $\Omega_z(z)$ 和界面横向滑移函数 $\Omega_x(z)$。2 个剪力滞翘曲强度函数：混凝土板剪力滞翘曲强度函数 $f_c(z)$ 和钢板剪力滞翘曲强度函数 $f_s(z)$。1个扭转翘曲强度函数：扭转翘曲强度函数 $b(z)$，并引入混凝土收缩应变-时间本构关系和徐变函数-时间本构关系，采用虚功原理，提出了曲线钢-混凝土组合箱梁考虑约束扭转、畸变、剪力滞、界面双向滑移和时变效应的一维理论模型。

（2）针对提出的曲线钢-混凝土组合箱梁的一维理论模型，空间域求解采用有限单元离散化的方法，时间域求解采用基于开尔文流变模型的增量逐步法，提出了曲线钢-混凝土组合箱梁考虑约束扭转、畸变、剪力滞、界面双向滑移和时变效应的具有 26 个自由度的有限梁单元。

（3）介绍了 3 个曲线钢-混凝土组合箱梁的长期加载试验，初始加载和最终加载时间分别为 14 天和 222 天。3 个试件包括圆心角为 45°的强剪力连接曲线梁，圆心角为 25°的强剪力连接曲线梁和圆心角为 45°的弱剪力连接曲线梁。得到了其关键截面的挠度、旋转角度、界面滑移和正应变的试验曲线，并与提出的有限梁单元模型的预测结果进行了对比，2 种结果的良好吻合性证实了有限梁单元模型的准确性和适用性。

（4）应用提出的有限梁单元模型分析了实际工程中的 1 座简支曲线钢-混凝土组合箱梁的长期受力行为，重点研究了关键设计参数，包括初始曲率、剪力连接刚度和隔板对该结构长期受力行为的影响。计算表明：混凝土收缩徐变效应使得曲线钢-混凝土组合箱梁的竖向挠度随时间不断增大，使得界面纵向和横向滑移随时间不断减小；混凝土收缩徐变效应减弱了初始曲率改变对于曲线钢-混凝土组合箱梁的竖向挠度和界面横向滑移的影响，减弱了界面剪力连接刚度改变对于结构的竖向挠度、界面纵向和横向滑移的影响；提高横隔板数量可以有效限制曲线钢-混凝土组合箱梁的畸变效应，相对于横隔板数量的影响，混凝土收缩徐变对于畸变效应影响很小，曲线钢-混凝土组合箱梁横隔板的设计可以根据结构短期受力行为而确定。

7 曲线钢-混凝土组合箱梁桥的爬移行为

高速公路匝道桥通常设计为曲线线形，曲线钢-混凝土组合箱梁桥的受力特征较直线钢-混凝土组合箱梁桥复杂很多，具有典型的弯扭耦合受力特性，同时曲线钢-混凝土组合箱桥梁会在运营期随时间的发展不断产生横向爬移行为。钢-混凝土组合箱梁由于其结构自重轻、承载能力高和施工方便快捷等优点而广泛应用于市政桥梁建设中，在高速公路匝道桥中曲线钢-混凝土组合箱梁有着较为广泛的应用。本章对曲线钢-混凝土组合箱梁桥的爬移行为展开研究：首先以大型有限元软件 Abaqus 为平台，采用 Python 语言的参数化建模方式建立了曲线钢-混凝土组合箱梁桥的有限元模型，以模拟曲线钢-混凝土组合箱梁桥的爬移行为。其次围绕该有限元模型对曲线钢-混凝土组合箱梁桥的爬移行为展开大规模影响因素分析，得出温度变化是造成爬移的重要因素；车辆的离心力作用也在一定程度上促进了爬移行为的发展，同等跨度下曲率半径越大，爬移行为表现越弱。最后针对曲线钢-混凝土组合箱梁桥的爬移行为提出了几种处置措施，包括设置侧向限位装置、设置支座预偏心、适当增加内外侧支座间距等，并基于数值分析模型验证了处置措施的有效性。

7.1 曲线钢-混凝土组合箱梁桥的爬移行为介绍

曲线钢-混凝土组合箱梁桥的受力特点较直线钢-混凝土组合箱梁桥复杂很多，具有典型的弯扭耦合效应，其在竖向荷载的作用下同时承受弯矩和扭矩，在两者作用的相互促进下，梁体的变形较直线钢-混凝土组合箱梁桥有一定程度的增大。曲线钢-混凝土组合梁在实际运营阶段，不仅承受复杂的车辆荷载，而且在车辆荷载和环境温度的耦合作用下，曲线钢-混凝土组合箱梁沿径向外移，导致梁底部与支座接触面的部分滑移无法恢复，这种现象称为曲线钢-混凝土组合箱梁的"爬移"。随着时间的推移，曲线钢-混凝土组合箱梁的爬移行为会不断积累，只有及时防治曲线钢-混凝土组合箱梁的爬移病害，才能避免支座脱空、梁体外倾、墩台破坏等二次病害的发生。

一些学者对曲线钢-混凝土组合箱梁的爬移行为及其影响因素进行了相应研究，其影响因素主要包括车辆离心力作用、温度荷载作用、混凝土收缩徐变效应等。在这些因素的影响下，结构会产生相应的附加内力，从而引起结构自身受力状态的变化，进而产生侧向位移。研究表明温度荷载对曲线桥梁的爬移行为有着重要影响。由温度升高导致梁体的横向变形，会使梁体产生径向位移，由于摩擦力的影响，降温后主梁横桥向的侧移变形并不能完全恢复，当该爬移过程循环往复若干次后，爬移位移不断积累，温度的长期作用会使梁体的侧移不可忽略，这将会对曲线钢-混凝土组合箱梁结构造成破坏。

钢-混凝土组合箱梁桥是目前桥梁工程中广泛采用的结构形式，通过剪力连接件将混凝土板和钢梁联结成为统一整体，充分发挥了混凝土抗压性能强、钢材抗拉性能强的优点，显著提高了主梁结构的整体性能和承受能力。将钢-混凝土组合箱梁应用于曲线线形的桥梁结构中可形成曲线钢-混凝土组合箱梁，其目前广泛应用于市政工程中的高速公路匝道桥。

7.2 爬移分析的数值模型

7.2.1 有限元模型

以跨度为50m的两跨连续曲线钢-混凝土组合梁桥为例，采用大型通用有限元程序Abaqus对其爬移行为开展数值分析，其中曲线钢-混凝土组合箱梁的曲率半径为134m，圆心角为21°，梁体采用单箱双室钢-混凝土组合箱梁，混凝土顶板厚度为0.2m，梁体总高1.2m。梁体两侧及跨中各设置两个板式橡胶支座，支座中心线距离梁体中线1m。结构的横截面几何尺寸如图7-1所示。图7-2为曲线钢-混凝土组合箱梁的有限元模型。

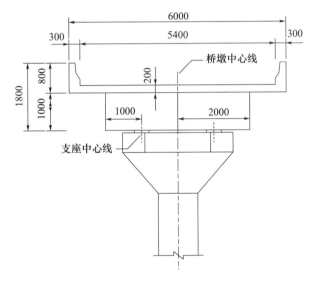

图 7-1 结构横截面几何尺寸

在该Abaqus模型中，混凝土板采用实体单元进行模拟，钢箱采用厚度14mm的壳单元进行模拟，预应力筋采用桁架单元进行模拟。支座采用Abaqus中的连接器进行模拟，不建立实体支座及桥墩，连接器采用Planar类型进行定义，该种类型对支座的平动与转动均能做出约束。支座与梁体间的摩擦系数定义为0.25，梁体在支座上的滑动通过定义连接器的Friction属性予以模拟。

模型中施加的荷载有离心力、温度荷载以及预应力。离心力根据《公路桥涵设计通用规范》（JTG D60—2015）设置，设计车速为80km/h，离心力系数为0.376，离心力大小为8.84kN/m，作用点位于桥面处，作用方向指向梁体外侧。温度荷载以及预应力的具体设置方式如下。

图 7-2　曲线钢-混凝土组合箱梁桥有限元分析模型

1. 温度荷载

为了考虑 Abaqus 数值模型中温度荷载的影响，本章采用热-应力研究方法对该有限元模型施加温度荷载，热-应力研究方法由温度荷载施加与结构计算分析 2 个重要阶段构成。

对于温度荷载的设置，需要在 Abaqus 模型中为混凝土定义换热系数 h_t、热传导率 k_c、辐射发射率 ε_c、辐射吸收率 α_c，为钢材定义换热系数 h_b、热传导率 k_s、辐射发射率 ε_s、辐射吸收率 α_s。将模型单元属性定义为传热单元。

有限元模型中利用面换热系数模拟对流换热作用，利用调整梁体表面热流密度模拟太阳辐射作用，利用热传导率实现结构热传导，利用辐射发射率和吸收率实现梁体的对外热辐射作用。通过对模型开展热稳态分析，获取模型不同单元节点的温度值。整理汇总所得温度荷载数据，以形成后期计算所需的温度场文件。

对于结构在温度荷载作用下的受力分析，需要将模型单元属性重新定义为三维应力分析单元，之后需要将上一步得到的温度场以预定义场的形式输入模型。对于模型内使用的各种材料的温度属性设置，本章采用了经验值和相关研究的推荐值，表 7-1 为数值模型中混凝土和钢材的材料性能参数。模拟的初始温度取 20℃。

表 7-1　混凝土和钢材的材料性能参数

参数	热导系数/ [W/ (m·K)]	比热容/ [J/ (kg·K)]	密度/ (kg/m³)	线膨胀系数	弹性模量/ MPa
混凝土	1.51	850	2350	1.0×10^{-5}	3×10^4
钢材	49.8	465	7850	1.2×10^{-5}	2.1×10^5

有限元软件在进行结构温度场模拟时，最重要的是边界条件的合理设定。为此，考虑在求解温度场的热分析模型中，需定义 4 种热力学边界条件分别为：热传导作用；梁体对外热辐射作用；对流换热作用；日辐射作用。图 7-3 为梁体边界条件作用示意图。

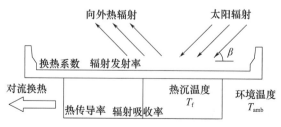

图 7-3　梁边界条件作用示意图

在 Abaqus 有限元软件中，温度荷载随时间的变化可以通过设置温度荷载的幅值来模拟，本章选取 2019 年 7 月 1 日北京市海淀区的气温 24h 变化曲线来模拟组合梁受到的环境温度荷载，该气温变化数据由清华大学气象站实时监测并记录。图 7-4 为温度模拟曲线。

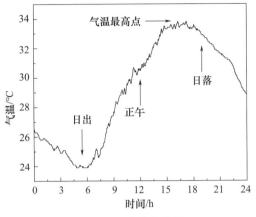

图 7-4　温度模拟曲线

为了简化分析过程，本章在热分析模型中只考虑太阳直接辐射作用，而忽略阳光天空散射和地面反射对梁体所受荷载的影响。而太阳直接辐射强度模拟曲线采用 Duffie 模型进行验证，结果表明，该模型对天气晴朗的北京地区地面的太阳辐射强度有较为准确的预测。综合考虑太阳的高度角、阳光入射角和不同材料的辐射吸收率，可将太阳直接辐射强度转换为钢梁和混凝土板所接受的热流密度。图 7-5 为太阳辐射模型。

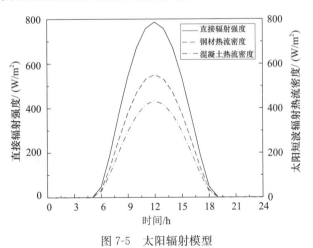

图 7-5　太阳辐射模型

热分析模型得到的梁体温度场数据较为复杂，但梁体沿桥跨方向的温度变化不明显，沿梁体横向的温度变化较为显著。为简化分析，便于研究组合梁各部分的温度场分布，本章在梁端混凝土板顶面（钢腹板上方与横向跨中）与钢箱底面（钢腹板下方与横向跨中）各选取 2 个节点进行监控，温度测点位置如图 7-6 所示。测温点处温度 24h 变化对比如图 7-7 所示。

由图 7-7 可以看出，混凝土板顶面温度明显高于钢箱底面温度，而钢箱底面温度与环境温度相差不大。在 Abaqus 模型中，为使得梁体温度场实时变化，需要将热分析模拟的计算结果实时导入到热应力计算模型中。

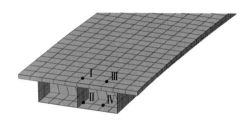

图 7-6　温度测点示意图

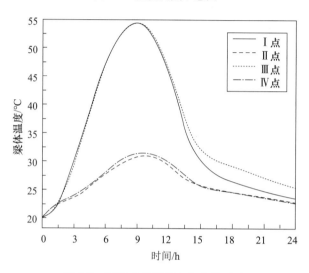

图 7-7　测温点处温度 24h 变化对比

2. 预应力荷载

本章采用降温法模拟预应力作用，由于该模型中预应力作用下混凝土板受压，该压应力可以抵消一部分曲线钢-混凝土组合箱梁负弯矩区混凝土板的拉应力，大大减小了其开裂的可能。在 Abaqus 模型中，采用桁架单元对预应力筋进行模拟，模型中预应力束以曲线布筋方式布置于梁体负弯矩区段的钢腹板上方，形状与梁体走向一致。每束预应力筋张拉控制应力为 1395MPa，在 Abaqus 中，梁体平面位于 xOz 平面内，梁体高度方向为 y 方向，图 7-8（a）为未施加预应力时梁体 x 方向的 Mises 应力云图，图 7-8（b）为施加预应力作用后的 x 方向 Mises 应力云图。

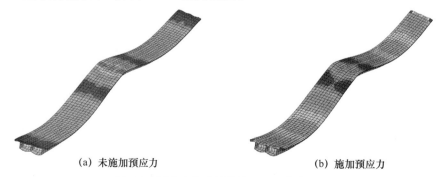

（a）未施加预应力　　　　　　　　　　（b）施加预应力

图 7-8　预应力前后桥梁的 Mises 应力云图

该有限元模型通过 Abaqus 自带的 Python 编程功能予以实现，如此可实现模型的参数化建模与求解。Python 在参数化建模分析中有其独特的优势：①用少量的代码就可以实现某一操作的重复运行；②较为智能，可自主控制分析过程；③便于参数化建模；④各分析模块互不影响，独立可移植；⑤程序调试方便快捷，从而缩短调试脚本的周期。其中，Python 语言包特定的模块包括有 Material 和 Section 模块，Constraint 和 Interaction 模块，边界条件和荷载模块等，可通过这些模块中规定的函数来实现模型的几何参数、材料属性、边界条件以及荷载的定义。

7.2.2　爬移模拟流程

本章采用 Python 对曲线钢-混凝土组合梁 Abaqus 模型二次开发分析其爬移效应的流程图如图 7-9 所示，具体操作流程为：

（1）依据 Abaqus 的建模流程编写曲线钢-混凝土组合箱梁模型的 Python 程序，其中分析步时长定为 1d，并将计算结果写入输出文件。

（2）用 Python 程序提取上一步输出文件中各个支座的位移，以确定当前分析步的支座位置，并对模型支座位置参数进行覆盖，其他参数保持不变，最后将该分析步计算结果写入输出文件。

（3）重复步骤（2），迭代计算至时间结束为止。

该程序如此的迭代循环操作，不仅能够计算出每个时间增量步下支座位移的大小，而且能通过后处理模块得到支座位移的整体变化趋势。

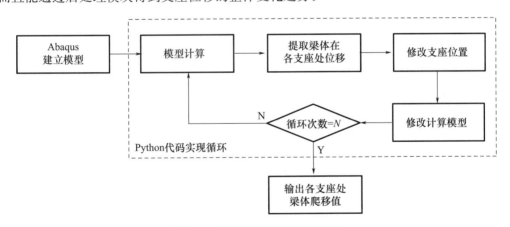

图 7-9　爬移行为数值分析流程图

7.2.3　数值结果分析

1. 横向爬移

在模拟连续曲线钢-混凝土组合箱梁桥的爬移行为时，将模型中各分析步总时长设置为 1d（即 86400 秒），循环计算 365 次。由该模型计算结果输出各个支座的位移，并以 30d 为时间增量提取各支座相应的位移值，表 7-2 为第 1 年内支座的横向爬移积累。其中，支座位置及编号如图 7-10 所示。同时，根据表 7-2 的数据绘制各支座位随时间变化曲线如图 7-11 所示。

表 7-2 第 1 年内支座的横向爬移积累

时间/d	支座 1/mm	支座 2/mm	支座 3/mm	支座 4/mm	支座 5/mm	支座 6/mm
30	7.880	21.867	6.267	22.138	7.925	21.975
60	15.806	43.893	12.393	44.506	15.892	44.157
90	23.781	66.094	18.517	67.082	23.905	66.510
120	31.777	88.435	24.702	89.882	31.977	89.046
150	39.807	110.942	30.963	112.921	40.108	111.766
180	47.894	133.613	37.301	136.208	48.299	134.672
210	56.034	156.501	43.722	159.743	56.543	157.758
240	64.224	179.575	50.215	183.480	64.834	180.996
270	72.478	202.842	56.790	207.471	73.184	204.411
300	80.801	226.308	63.443	231.691	81.591	228.023
330	89.184	249.973	70.185	256.196	90.057	251.838
360	97.626	273.878	77.052	280.922	98.594	275.941

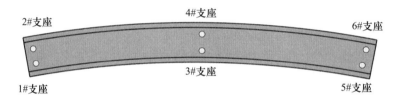

图 7-10 支座位置及编号

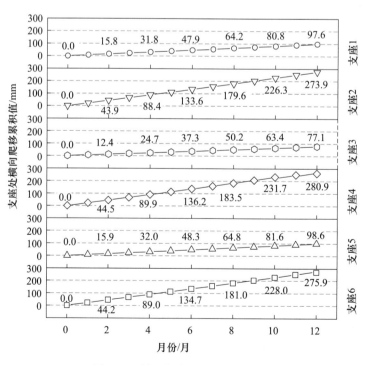

图 7-11 第 1 年支座侧向偏差累积

由表7-2的数据和图7-11曲线的线形变化可知，6个支座的横向爬移位移均与时间成线性关系。其中，布置在组合梁内侧的1♯、3♯、5♯3个支座由于靠近约束点而位移增长缓慢，但布置在组合梁外侧的2♯、4♯、6♯3个支座由于远离约束点而位移增长迅速。

在1年的分析时间里（365次循环），各支座的横向总位移在90~290mm之间。4♯支座是跨中外侧支座，由于支座约束，梁体在该位只能在径向产生变形，故其横向总位移达到了最大的280.9mm；而2♯和6♯支座虽然位于组合梁外侧，但也位于梁端，导致其支座位移被分解为径向和切向2个部分，故而其横向位移相较4♯支座小。整体看来，分析时间越长，支座残余位移积累越多，爬移行为越显著。

表7-3记录了1年内各特征天数的单日支座位移量。从表7-3中可以看出，第360d支座的单日横向位移最大，内侧支座的单日爬移位移介于0.2~0.3mm，明显小于外侧支座的0.72~0.83mm。同时，单日支座位移随时间不断增大，但增长幅度特别小，变化并不明显。综上所述，曲线钢-混凝土组合箱梁的横向爬移位移随着时间不断增大，1年内，爬移距离最大值接近300mm。根据表7-2结果统计得到的梁体爬移状态变化如图7-12所示。

表7-3　第1年内各特征天数的单日支座位移量

时间/d	支座1/mm	支座2/mm	支座3/mm	支座4/mm	支座5/mm	支座6/mm
30	0.263	0.729	0.209	0.738	0.264	0.733
60	0.264	0.734	0.204	0.746	0.266	0.739
90	0.266	0.740	0.204	0.753	0.267	0.745
120	0.267	0.745	0.206	0.760	0.269	0.751
150	0.268	0.750	0.209	0.768	0.271	0.757
180	0.270	0.756	0.211	0.776	0.273	0.764
210	0.271	0.763	0.214	0.785	0.275	0.770
240	0.273	0.769	0.216	0.791	0.276	0.775
270	0.275	0.776	0.219	0.800	0.278	0.781
300	0.277	0.782	0.222	0.807	0.280	0.787
330	0.279	0.789	0.225	0.817	0.282	0.794
360	0.281	0.797	0.229	0.824	0.285	0.803

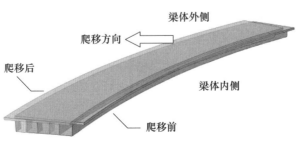

图7-12　梁体爬移状态变化示意图

2. 支座受力

与直线钢-混凝土组合箱梁不同，曲线钢-混凝土组合箱梁由于其独特的结构，重心向外侧偏离支座连线，具有特有的扭转变形与畸变的受力特点，导致曲线钢-混凝土组合箱梁的内外侧支座有明显的反力差。由于支座的横向位移，曲线钢-混凝土组合箱梁的重心不断地向外移动，这使得内外侧支座的反力差进一步增大，内侧支座甚至会出现受拉的现象，这对桥梁的安全运营有着极为不利的影响，需要重点分析。本章曲线钢-混凝土组合箱梁模型在梁体爬移前后支反力的变化如图 7-13 所示。

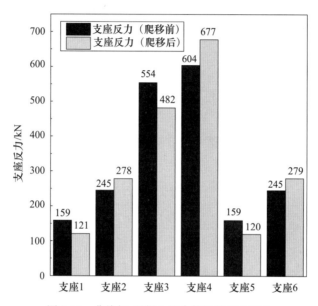

图 7-13　曲线钢-混凝土组合箱梁桥反力变化

从图 7-13 中可以看出，在未发生爬移时，曲线钢-混凝土组合箱梁支座受力不均，外侧支座与跨中支座的支反力较大，最大支反力出现在 4♯ 支座，支反力大小为 604kN；最小支反力出现在 1♯ 和 5♯ 支座，支反力大小为 159kN。由图 7-13 可以看出，在梁体发生爬移前后，由于梁体处于受力平衡状态，内侧 3 个支座的支反力均减小，其中 3♯ 支座支反力减小的幅度更大；而外侧支座的支反力均增大，其中 4♯ 支座的支反力增长幅度更大，曲线钢-混凝土组合箱梁爬移行为对支反力的影响显著。

7.3　爬移因素分析

本章用 Python 参数化建模模拟曲线钢-混凝土组合箱梁桥模型在各种因素下的梁体变形。通过改变程序中的参数来实现温度荷载、曲率半径、离心力等单个因素影响下曲线钢-混凝土组合箱梁桥的变形。

7.3.1　温度影响

本章以是否施加温度荷载为变量，提取出与之对应的首日梁体爬移量、挠度、应力等特征参数，绘制曲线如图 7-14 和图 7-15 所示。

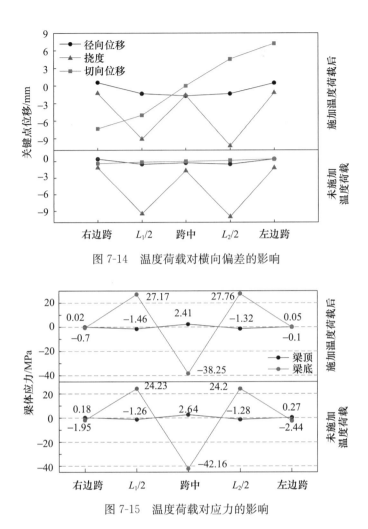

图 7-14　温度荷载对横向偏差的影响

图 7-15　温度荷载对应力的影响

从图 7-14、图 7-15 中可以看出，在位移变化方面，该曲线钢-混凝土组合箱梁的 1/4 跨处的挠度最大，温度荷载对其几乎没有影响；施加温度荷载后，梁体径向位移减小，甚至向内侧移动，但变化不大；是否施加温度荷载对梁体切向位移影响最为显著，变化最大点在梁端。在应力变化方面，施加温度荷载后，1/4 跨的梁底拉应力略有增大，而跨中负弯矩区的梁底压应力略有减小；而梁顶混凝土板的应力几乎不受温度荷载的影响。

7.3.2　离心力的影响

同温度荷载影响的分析方法一样，本章以是否施加离心力作用为变量，提取第 10d 2 种工况下的支座位移，如图 7-16 所示。从图 7-16 中可以看出，无论有无离心力作用，梁体均向外侧爬移；施加离心力之后，梁体爬移量略微增大，最大差值为 0.03mm，出现在跨中位置。总体看来，离心力相较其他因素爬移影响小。

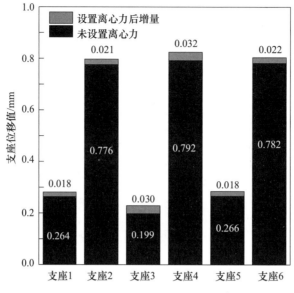

图 7-16 离心负荷对径向偏差的影响

7.3.3 曲率半径的影响

本章基于已建成的曲线钢-混凝土组合箱梁模型，采用控制变量法，保证除曲率半径外的其他参数设置不变，以分析去曲率半径对梁体爬移的影响。模型曲率半径变化拟定为 95m、134m、200m、300m、500m，用 Python 程序提取出 5 种曲率半径对梁沿切线方向偏差的影响，如图 7-17 所示。

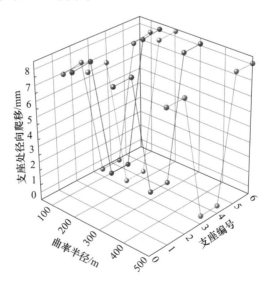

图 7-17 曲率半径对梁沿切线方向偏差的影响

由图 7-17 可以看出，当曲率半径较小时，支座的切向位移差别较为明显，但当曲率半径较大时，该曲线钢-混凝土组合箱梁在 2300mm 的计算跨径里可以认为是直线钢-混凝土组合箱梁，故而支座切向位移趋于相等。由图 7-18 可以看出，3♯ 和 4♯ 支座的径向位移都随着梁体曲率半径的增大而不断增大，但其他支座的径向位移却随着曲率半径的增大而减小，最后趋于稳定。同时 2♯ 和 6♯ 支座的位移方向随着曲率半径的增大而发生了改变，使得梁体滑移减小，这从另一个方面印证了曲线钢-混凝土组合箱梁向直线钢-混凝土组合箱梁的转化过程。此外从图 7-18 中可以看出，曲率半径对梁端支座的位移影响更大，而对跨中支座的影响较小；同时，各支座位移差随着曲率半径的均增大而减小。综上所述，随着曲率半径的增大，对曲线钢-混凝土组合箱梁桥的爬移影响减小。

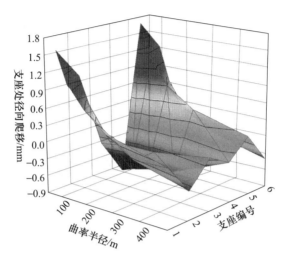

图 7-18　曲率半径对梁体径向爬移的影响

7.4　曲梁防爬移措施

本章基于对曲线钢-混凝土组合箱梁爬移行为影响因素的参数分析，结合曲线钢-混凝土组合箱梁的结构与受力特点，充分考虑施工条件的限制，提出了以下 3 种有效的防治措施。

7.4.1　设置侧向限位装置

针对曲线钢-混凝土组合箱梁的爬移现象，可以通过在桥墩设置的侧向弹性限位装置（图 7-19），在梁体发生变形与爬移时，以水平支反力的形式对梁体进行约束，从而限制其横向位移的发生。

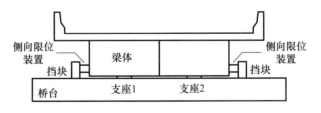

图 7-19　侧向位置限位装置

基于上述分析，本章分别建立了有无支座限位装置的有限元模型。侧向限位装置采用连接器进行模拟。连接线一端连接至梁体侧面，另一端选择连接至地面，连接器平动属性采用"笛卡尔"类型，不赋予连接器的转动属性。侧向限位装置的轴向刚度设置为

30kN/mm。计算得到的各支座径向位移如图 7-20 所示。由计算结果可知，增设限位装置后，外侧支座径向位移由原来的 0.8mm 左右减小了不到 0.2mm，内侧支座径向位移减小了约 0.1mm，这说明该侧向限位装置有效地减小了梁体的爬移现象。

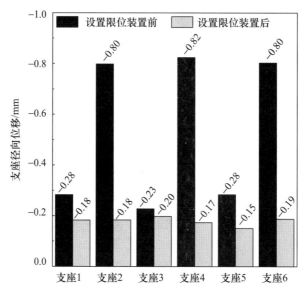

图 7-20　设置侧向限位装置前后支架的径向偏差

7.4.2　设置支座预偏心

连续曲线钢-混凝土组合箱梁广泛应用于城市公路立交桥和匝道桥中，为了节省桥下空间，中间桥墩通常会设计为独柱墩的形式，跨中支座采用单点铰支座。对于该设计方案，可以在桥梁建设时施加支座预偏心来减小梁体的爬移行为。本章设计了 50mm、100mm、150mm、200m 这 5 个支座偏心距来分析支座预偏心对爬移行为的影响，计算结果如图 7-21 和图 7-22 所示。

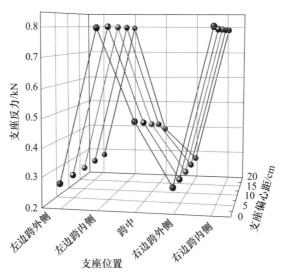

图 7-21　支座预偏心的径向偏差

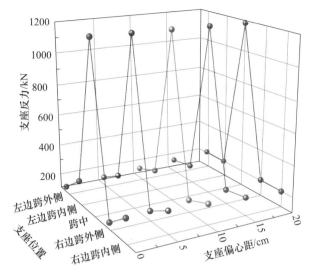

图 7-22　支座预偏心的支座反力

由图 7-21 可知，跨中铰支座偏心距对梁端支座的径向爬移位移几乎没有影响，但跨中铰支座的径向位移随偏心距的增大而不断减小。由图 7-22 可知，跨中铰支座的支反力受偏心距的影响不大，外侧端支座支反力随偏心距的增大而增大，内侧端支座支反力随偏心距的将增大而减小，但曲线斜率较小，变化较为缓慢。上述规律产生的原因是偏心距的增加使得跨中铰支座对梁体提供的扭矩增大，降低了端支座的内外支座应力差，优化了梁体的受力状态，从而起到抑制梁体爬移的作用。

7.4.3　合理增加两侧支座之间的距离

由曲线钢-混凝土组合箱梁的受力特性可知，其支座支反力的大小与外荷载产生的扭矩有关，而支座间距的增大可以在一定程度上增大支反力对梁体产生的扭矩，因此，在同样的外荷载作用下，可以通过适当增加组合梁钢箱整体宽度的方式增加支座间距以达到有效地减小各支座的支反力大小，改善曲线钢-混凝土组合箱梁受力状态的目的。扩大外部和内部支架之间的间距如图 7-23 所示。

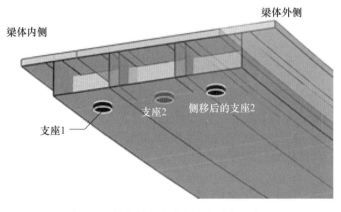

图 7-23　扩大外部和内部支架之间的间距

本章分别计算了初始支座间距为 2m、增大后支座间距为 3m 的情况下各支座的反力值，计算结果见表 7-4。从表 7-4 中数据可以看出，随支座间距离的变化，支反力呈现重分布现象。数据显示，1♯、3♯、5♯ 3 个内侧支座其支反力呈现增大趋势，2♯、4♯、6♯ 3 个外侧支座则相反，两侧差值减小，可能呈现出跨中外侧支座支反力低于内侧支反力的现象。这说明支座间距增大后主梁的中心靠近内侧支座连线，该方法在一定程度上增大了曲线钢-混凝土组合箱梁爬移的极限距离，可有效地降低曲线钢-混凝土组合箱梁爬移造成的病害。

表 7-4   不同支座间距的支座支反力

支座间距/mm	支座 1	支座 2	支座 3	支座 4	支座 5	支座 6
2000	159.10	240.45	554.28	604.01	159.27	204.29
3000	191.25	221.34	618.64	575.39	191.34	221.25

7.5　本章小结

本章利用 Python 程序对 Abaqus 有限元软件进行二次开发，建立了可计算曲线钢-混凝土组合箱梁爬移累计效应的有限元模型，并通过参数分析得到了以下结论。

（1）本章以热-应力分析方法对气温和太阳辐射强度进行模拟，得到了适用于该模型的温度荷载依时变化曲线。

（2）影响曲线钢-混凝土组合箱梁产生爬移行为的因素主要有温度变化、车辆离心力作用以及主梁的曲率半径。其中温度变化是曲线钢-混凝土组合箱梁爬移的主要原因，环境温度荷载会造成梁端支座切向位移的剧烈变化；车辆的离心力作用也一定程度地促进了爬移行为；同等跨径下主梁曲率半径越大，爬移行为越不明显。

（3）对 3 种曲线钢-混凝土组合箱梁防爬移措施，分别分析了其针对梁体爬移的防治原理与防治效果，确定其改善曲线钢-混凝土组合箱梁受力性能与稳定性的作用，为曲线钢-混凝土组合箱梁爬移病害防治做出指导。

8 曲线钢-混凝土组合箱梁横桥向倾覆过程及破坏特征研究

曲线钢-混凝土组合箱梁常被应用于城市立交匝道桥中，当采用独柱式桥墩作为其下部结构时，需要考虑梁体的横桥向抗倾覆稳定性。为全面了解梁体横桥向倾覆机理，本章采用了显示动力有限元分析法对一座三跨曲线钢-混凝土组合箱梁桥进行了横桥向倾覆全过程分析，并基于有限元分析结果和结构实际受力情况，提出了考虑极限状态的抗倾覆稳定计算方法。结果表明：梁体倾覆过程可分为 3 个阶段，分别是梁体小角度转动阶段、梁体大角度转动阶段、侧移倾覆阶段；曲线钢-混凝土组合箱梁的受力行为、倾覆过程和破坏特征与普通混凝土箱梁相似，但存在梁体显著爬移、底板屈曲等特征；考虑极限状态的抗倾覆稳定计算方法相较于规范方法更适用于受力平衡极限状态下的梁体承载能力验算；设置侧向限位装置、设置支座预偏心、增大支座间距等措施能够提高钢-混凝土组合箱梁的横桥向抗倾覆稳定性。

8.1 曲线钢-混凝土组合箱梁横桥向倾覆过程及破坏特征介绍

为使城市桥梁适应复杂的地面条件，减小桥下占地面积、提高桥梁美观性，大量城市桥梁的下部结构采用了独柱墩形式。然而，随着独柱墩式桥梁的广泛应用，其在偏心荷载作用下稳定性不足的缺陷逐步显现。2007 年，内蒙古包头市一座高架桥在三辆超载车辆的作用下发生倾斜倒塌；2015 年，广东省河源市粤赣高速匝道引桥由于四辆超载货车偏心行驶而发生断裂坍塌；2019 年，江苏省无锡市 312 国道锡港路上跨桥由于一辆超载货车偏载行驶而发生倾覆。三起事故发生处桥梁均采用了独柱墩的下部结构形式，事故的直接原因均为超载车辆在桥面处偏载行驶。

曲线钢-混凝土组合箱梁桥的倾覆是一个动态过程，该过程从支座脱空开始，到梁体旋转、侧移，直至梁体完全倾覆而结束。对于钢-混凝土组合箱梁桥，偏载作用下的倾覆过程常伴随钢梁板件的局部失稳，因此其与常规钢-混凝土组合箱梁桥的倾覆过程存在差异。为了解曲线钢-混凝土组合箱梁桥倾覆的起因、过程和最终状态，对梁体倾覆进行全过程分析是很有必要的。

梁体在倾覆过程中存在 2 个特征状态，在第一个特征状态下，梁体的单向受压支座脱离受压；在第二个特征状态下，梁体的抗扭支承全部失效。这一过程中伴随着材料非线性、边界非线性和几何非线性。显式动力有限元分析法（EFEM）可模拟结构的瞬时状态，因此可准确模拟梁体倾覆的实际过程。

Tang 等利用 EFEM 方法对一座大跨径悬索桥在爆炸荷载作用下的结构响应进行了分析；Xu 等使用 EFEM 方法模拟了一座石拱桥的倒塌，模拟结果与事故现场勘察情况基本吻合；Bi 等利用 EFEM 方法分析了一座高架桥在拆除过程中发生墩柱连续倒塌的过程；Shi 等使用 EFEM 方法对河源市粤赣高速匝道引桥坍塌事故进行了重现，对钢-混凝土组合箱梁倾覆过程及其原因进行了详细分析。上述分析均表明，显式动力有限元分析对桥梁倾覆过程具有良好的模拟效果。

目前，大多数文献仅从横桥向抗倾覆稳定系数的角度对曲线钢-混凝土组合箱梁桥的抗倾覆性能进行分析。暂无文献对钢-混凝土组合箱梁桥倾覆过程中边界条件的改变、材料的破坏及失稳、倾覆重要特征、各部件变化情况等做出系统而详尽的描述和分析。

鉴于此，本章以一座采用独柱墩的 3 跨连续曲线钢-混凝土组合箱梁桥为研究对象，利用大型通用有限元软件 Abaqus 对其在重载车辆偏心加载下倾覆的全过程进行了模拟，并对各桥梁部件的响应及破坏特征做出描述，并针对预防梁体倾覆破坏提出了适当的建议。

8.2　有限元计算模型

本章采用 Abaqus/Explicit 对一座三跨曲线钢-混凝土组合箱梁桥进行了显式动力有限元分析。下面详述模型尺寸、材料参数、边界条件等相关情况。

8.2.1　有限元模型概况

本章采用的桥梁模型为三跨曲线钢-混凝土组合箱梁桥，梁体结构平面布置如图 8-1 所示。梁体采用单箱双室形式，梁体曲率半径为 210m，圆心角为 21°，跨径为 3×25.6m。全桥共设置 3 个桥墩和 1 个桥台，其中，桥墩 P_1 为设置墩帽的独柱式桥墩，其上设置 2 个板式橡胶支座 B_{1-1}、B_{1-2}，2 个支座中心点距离为 2.5m，每个支座直径为 52.5cm，厚度为 12cm，桥墩 P_2、P_3 为独柱式桥墩，上方各设置一个板式橡胶支座，支座直径为 85cm，厚度为 18.4cm，桥台 A_4 为埋置式桥台，上方设置 3 个板式橡胶支座，单个支座尺寸为 45cm×40cm×12cm，支座间距为 1.75m。

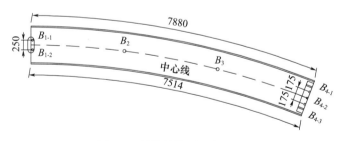

图 8-1　梁体结构平面布置图

梁体结构立面布置如图 8-2 所示。桥墩 P_1 高度为 8m，对应的梁体圆心角为 0°；桥墩 P_2 高度为 9.5m，对应的梁体圆心角为 7°；桥墩 P_3 高度为 4.5m，对应的梁体圆心角为 14°。桥台 P_4 对应的梁体圆心角为 21°。各跨梁体在立面上的投影长度分别为 25.59m、25.21m、24.45m。桥墩与桥台下方均采用桩基础。

桥梁横截面尺寸如图 8-3 所示。钢-混凝土组合梁梁体沿曲线方向等高度，梁高 1.5m。混凝土板沿横桥向变高度，钢腹板上方混凝土板厚 40cm，横向跨中处混凝土板厚 30cm，混凝土板宽 10m。钢箱梁为单箱双室箱梁，底板宽 5.5m，钢梁截面详细尺寸如图 8-4 所示，其中，底板厚度为 30mm，钢腹板和翼缘板厚度为 25mm，加劲肋厚度为 16mm。

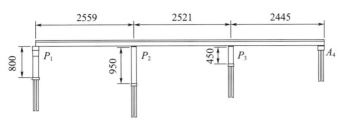

图 8-2 梁体结构立面布置图

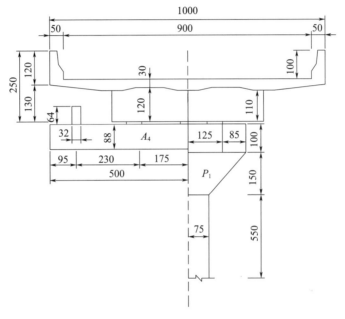

图 8-3 桥梁横截面尺寸

桥墩 P_1 墩柱直径为 1.5m，桥墩 P_2、P_3 直径均为 1.3m，详细尺寸如图 8-4、图 8-5 所示，各墩墩柱内均布置 32 个 25mm 的 HRB400 钢筋。桥台设置 2 个混凝土挡块，单个混凝土挡块横截面尺寸为 64cm×32cm。

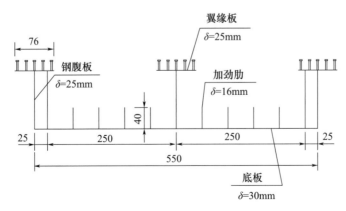

图 8-4 钢梁截面尺寸

135

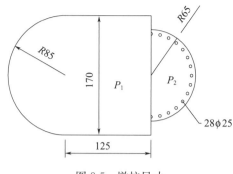

图 8-5 墩柱尺寸

作为荷载的三辆超载货车分别以 T_1、T_2、T_3 表示，车体尺寸均为 $17\mathrm{m}\times2.6\mathrm{m}\times$ $2\mathrm{m}$（长×宽×高），每辆车质量为 $130\mathrm{t}$，为方便计算，有限元模型中每辆车均简化为长方体。车辆向梁体外侧偏载布置，每辆车车轮距离护栏最小距离为 $0.5\mathrm{m}$，车辆长度方向沿曲线钢-混凝土组合箱梁切线方向布置，T_1 所处位置对应的梁体圆心角为 3.5°；T_2 所处位置对应的梁体圆心角为 10.5°；T_3 所处位置对应的梁体圆心角为 17.5°。车辆布载的具体情况如图 8-6 所示。

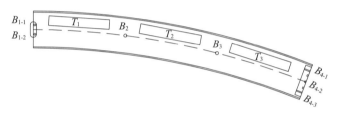

图 8-6 车辆布载示意图

8.2.2 材料参数设置

主梁混凝土板采用 C50 混凝土，混凝土密度为 $2500\mathrm{kg/m^3}$，杨氏模量为 $35.5\mathrm{GPa}$，泊松比为 0.2。墩柱及桥台材料采用 C30 混凝土，混凝土密度为 $2500\mathrm{kg/m^3}$，杨氏模量为 $30\mathrm{GPa}$，泊松比为 0.2。

相关文献均指出，墩柱的破坏形式呈现出明显的脆性破坏形态，本章采用脆性开裂模型模拟墩柱混凝土的脆性破坏，采用朗肯准则判断裂缝的发生，当混凝土中某一点处最大主拉应力超过其开裂强度时，该点处将产生裂缝。混凝土开裂后的应力-位移关系由 Hillerborg 等提出的方法取值，如图 8-7 所示。在 Abaqus 中，当节点处的开裂位移值达到失效位移时，节点处的各应力分量为 0；当一个单元的所有节点均失效时，该单元即被自动移除。混凝土开裂后，垂直于主拉应力方向的剪切模量降低为 $G_c=\rho\left(e_{nn}^{ck}\right)\cdot G$，其中 e_{nn}^{ck} 为开裂应变，$\rho\left(e_{nn}^{ck}\right)$ 为相应的剪力传递系数，其取值如图 8-8 所示，图 8-8 中 e_{max}^{ck} 根据文献取值，本章取 $e_{max}^{ck}=0.005$；p 取值为 2。

主梁钢梁采用 Q345 钢，钢材采用理想弹塑性模型，密度为 $7800\mathrm{kg/m^3}$，杨氏模量为 $206\mathrm{GPa}$，泊松比为 0.3，屈服强度为 $345\mathrm{MPa}$。钢筋采用 HRB400，钢筋采用理想弹塑性模型，密度为 $7800\mathrm{kg/m^3}$，杨氏模量为 $206\mathrm{GPa}$，泊松比为 0.3，屈服强度为

400MPa，断裂应变为 0.33。

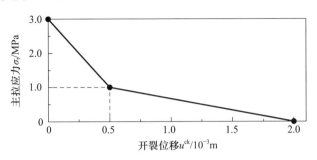

图 8-7　混凝土开裂后裂缝处应力-位移关系

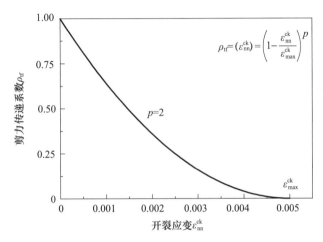

图 8-8　指数形式剪力传递系数模型

支座及超载货车轮胎为橡胶材料，采用弹性材料模拟。支座密度为 $2200kg/m^3$，杨氏模量为 0.4GPa，泊松比为 0.47。超载货车车体采用弹性材料模拟，密度为 $1474kg/m^3$，杨氏模量为 30GPa，泊松比为 0.2。

边界条件及接触设置：桥墩 P_1、P_2、P_3 墩柱下部及桥台 A_4 底部采用固定约束。钢筋与各墩柱采用嵌入约束相连接。车体与车轮之间、钢梁与混凝土板之间采用 Tie 约束进行连接。墩柱与支座、支座与钢梁、车轮与混凝土板之间采用面-面接触模拟各部件的接触行为。考虑到在倾覆过程中各部件可能发生碰撞，故设置通用接触防止各部件间相互穿透。面-面接触和通用接触中采用的接触关系模型定义为库伦摩擦模型。该模型中的切向接触关系采用罚函数模拟摩擦，摩擦系数为 0.3；法向接触关系采用"硬"接触。

8.2.3　单元设置及网格划分

有限元模型中，桥墩、桥台、支座、混凝土板、车轮、车体均采用实体单元进行模拟；钢梁采用壳单元进行模拟；钢筋采用桁架单元进行模拟。桥墩、桥台单元采用单元删除功能，设置为生死单元，以模拟倾覆过程中材料的破坏。

在网格划分中，桥墩、桥台、钢筋网格尺寸均为 0.1m；支座、钢梁、混凝土板、车轮、车体等均采用 0.5m 的网格划分尺寸。

8.2.4 荷载设置

模型的荷载由结构自重和车辆荷载2个部分组成。结构自重可通过在模型里设置重力加速度实现，本章取重力加速度 $g=9.8\text{m/s}^2$；车辆荷载通过定义车辆密度和重力加速度实现，本章中每辆车质量为130t，车辆密度为 1474kg/m^3。

为防止荷载施加过快导致有限元计算难以收敛、结构产生过大振动等，本章采用幅值功能对加载速率进行控制：0~1s从零开始对结构匀速施加重力荷载；1~2s从零开始对车辆匀速施加重力荷载。

8.3 倾覆过程及破坏特征

梁体的横桥向倾覆过程可分为三阶段：梁体小角度转动阶段、梁体大角度转动阶段、侧移倾覆阶段。在梁体小角度转动阶段，梁体略有旋转，B_{4-3}、B_{4-2}处相继发生支座脱空，桥墩 P_1、P_2、P_3 处各支座仍为有效支座，此时处于《公路钢筋混凝土及预应力混凝土桥涵设计规范》（JTG 3362—2018）规范中说明的特征状态1；在梁体大角度转动阶段，梁体发生大角度旋转，支座 B_{1-2} 与梁体发生脱离，此时处于规范中说明的特征状态2，随后桥墩 P_1 和桥台 A_4 处各支座与梁体完全脱离，梁体与桥台、桥墩发生碰撞；在侧移倾覆阶段，梁体发生侧向滑移，桥墩 P_2、P_3 发生倒塌。桥梁倾覆前后形态对比如图 8-9 所示。

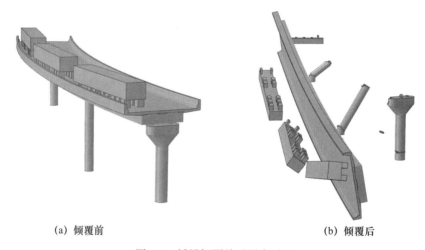

(a) 倾覆前   (b) 倾覆后

图 8-9 桥梁倾覆前后形态对比

8.3.1 梁体小角度转动阶段

在这一阶段，梁体略有旋转。当车辆荷载施加至车辆自重的 44% 时，支座 B_{4-3} 与梁体发生脱离；当车辆荷载施加至车辆自重的 58% 时，支座 B_{4-2} 处发生支座脱空。桥墩 P_1、P_2、P_3 处各支座仍为有效支座，且支座 B_{1-1}、B_{1-2} 构成抗扭支承，对扭矩和扭转变形起到双重约束作用。此时梁体仍能保持平衡，该阶段梁体形态如图 8-10 所示。

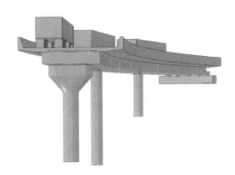

图 8-10　梁体小角度转动阶段图

8.3.2　梁体大角度转动阶段

在这一阶段，梁体发生大角度旋转。当车辆荷载施加至车辆自重的 65% 时，支座 $B_{1\text{-}2}$ 与梁体发生脱离。各墩、台均只有一个有效支座，全桥抗扭支承全部失效，梁体处于受力平衡的临界状态，即处于《公路钢筋混凝土及预应力混凝土桥涵设计规范》（JTG 3362—2018）规范中说明的特征状态 2，如图 8-11 所示。

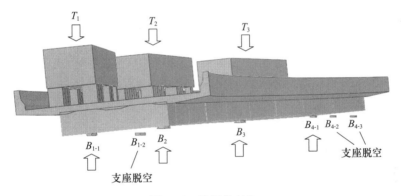

图 8-11　特征状态 2

随后支座 $B_{4\text{-}1}$、$B_{1\text{-}1}$ 与梁体相继发生脱离，梁体先后与桥台 A_4，桥墩 P_1、P_2、P_3 发生碰撞，并导致墩柱顶部混凝土破坏、桥台处混凝土挡块破坏，如图 8-12 和图 8-13 所示。同时，钢-混凝土组合箱梁底板发生局部失稳，如图 8-14 所示。

图 8-12　桥墩顶部破坏情况

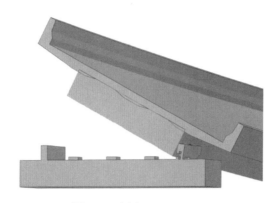

图 8-13　桥台 A_4 挡块破坏

图 8-14　钢-混凝土组合梁底板局部屈曲

8.3.3　侧移倾覆阶段

当梁体与桥墩 P_3 发生碰撞后，梁体将在车辆荷载的作用下继续转动，当梁体侧向倾斜角度达 29.6°时，梁体开始向曲线外侧滑动，墩柱 P_2、P_3 发生倾斜，此时桥梁状态如图 8-15 所示。

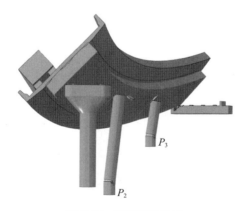

图 8-15　侧移倾覆阶段

当梁体倾斜角度达 30.8°和 33.5°时，支座 B_2、B_3 分别与梁体发生脱离。由于梁体对墩柱 P_2、P_3 顶部产生较大水平力，墩柱下部混凝土发生开裂破坏，向曲线钢-混凝土组合箱梁曲线内侧倾倒，同时墩柱顶部支座脱出，桥墩 P_1、桥台 A_4 顶部混凝土由于梁体碰撞而破坏，如图 8-15 所示。

随后梁体继续侧向滑移并下落，车轮与桥面脱离，直至梁体与车体落至地面，梁体外缘与地面碰撞受损，三辆汽车翻覆，桥墩倾倒、受损，倾覆过程结束。倾覆后桥梁形态如图 8-9 所示。

桥梁横桥向倾覆过程各特征时点及对应的侧倾角度见表 8-1。

表 8-1　桥梁横桥向倾覆特征情况表

倾覆特征	时刻/s	侧倾角度/°
梁体开始转动	1.40	0.050
支座 $B_{4\text{-}3}$ 脱空	1.44	0.093
支座 $B_{4\text{-}2}$ 脱空	1.58	0.282
支座 $B_{1\text{-}2}$ 脱空	1.65	0.419
支座 $B_{4\text{-}1}$ 脱空	2.40	5.308
梁体与 A_4 碰撞	2.47	6.022
支座 $B_{1\text{-}1}$ 脱空	2.54	6.824
梁体与 P_1 碰撞	2.66	8.233
梁体与 P_2 碰撞	3.36	19.265
梁体与 P_3 碰撞	3.45	21.360
梁体开始侧移	3.79	29.599
支座 B_2 脱空	3.84	30.829
支座 B_3 脱空	3.93	33.506

8.4　桥梁横桥向倾覆过程受力分析

8.4.1　梁体受力分析

由表 8-1 可知，1.65s 时刻，桥墩 P_1 上仅剩支座 $B_{1\text{-}1}$ 处于受压状态，桥台 A_4 上仅剩支座 $B_{4\text{-}1}$ 处于受压状态。全桥仅剩的 4 个有效支座近似位于同一条直线上，此时梁体失去所有的抗扭支承，无法对扭转变形进行约束，梁体处于受力平衡、扭转变形失效的极限状态。在该时刻，车辆荷载施加至车辆自重的 65%，恒载自重能够抵抗活载产生的倾覆力矩。

梁体向曲线外侧移动对中墩产生了向曲线内侧的水平力，导致中墩倾倒。图 8-16 为桥梁变形趋势及位移趋势示意图。在梁体转动时，车辆荷载不仅使梁体产生竖向变形，而且使梁体产生横向变形。在横桥向倾斜状态下，梁体在自重作用下呈现出向侧向滑动的趋势，但在支座摩擦力的作用下，侧滑趋势被抑制，梁体受力状态如图 8-17 所示，根据有限元分析结果，当倾角达到 29.6° 时，梁体产生滑移。

随着梁体转动，支座 $B_{1\text{-}2}$、$B_{4\text{-}3}$ 处竖向力逐渐减少，导致中墩 P_2、P_3 水平力减少。当桥墩 P_3 所受水平力降低至 0 时，梁体与桥台挡块碰撞，挡块破坏，梁体底缘嵌入桥台处混凝土裂口，如图 8-15 所示。随后，梁体发生沿横桥向的侧移和绕 A_4 的旋转，导

致桥台 A_4、桥墩 P_1 处水平力产生较大差异，桥台 A_4、桥墩 P_2、P_3 处水平力均急剧增大，但方向相反，图 8-18 为下部结构水平力-梁体侧翻角度关系。

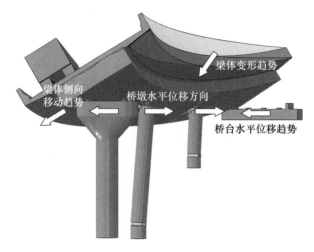

图 8-16　桥梁变形趋势及位移趋势示意图

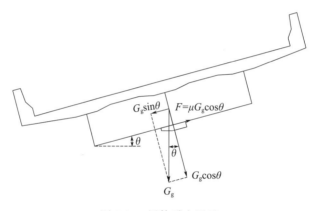

图 8-17　梁体受力图示

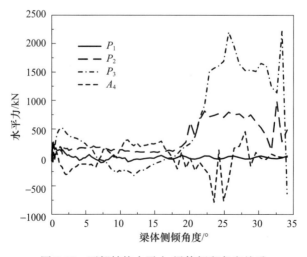

图 8-18　下部结构水平力-梁体侧翻角度关系

8.4.2 墩台受力分析

根据有限元计算结果，墩台所受水平力趋势如图 8-19 所示。2.54s 时刻，梁体仅与 B_2、B_3 支座接触，并以 B_2、B_3 支座连线为轴，继续侧向转动。当梁体即将侧滑时，其受力状态如图 8-17 所示。此时支座受力图示如图 8-20 所示。其中，R 为墩台顶部竖向反力，R_h 为支座底部所受摩擦力，在梁体与墩柱未发生碰撞时，R_h 与墩柱所受水平力 F_h 大小相等，见式（8-1）和式（8-2）。

$$R=G（\cos^2\theta+\mu\cos\theta\sin\theta）\tag{8-1}$$
$$F_h=R_h=G\cos\theta\sin\theta-\mu G\cos^2\theta\tag{8-2}$$

在梁体外荷载作用下，墩台底部弯矩值可通过 $M_b=F_hH$ 计算得到，其中 H 为墩台高度。在梁体侧移过程中，由于桥墩 P_2 高度大于桥墩 P_3，则 P_3 的水平抗推刚度大于 P_2，故 P_3 所承受的水平力大于 P_2 承受的水平力，从图 8-18 中可看出，梁体倾角达 21° 后，两墩所受水平力存在明显差异。

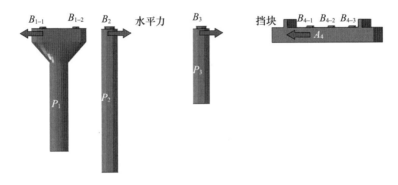

图 8-19 墩台所受水平力趋势

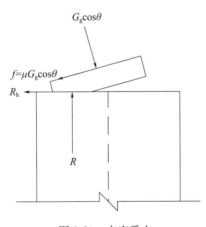

图 8-20 支座受力

根据文献，曲线钢-混凝土组合箱梁桥在倾覆时沿倾覆轴旋转，本章中模型的倾覆轴为支座 B_2、B_3 的连线。根据有限元计算结果，墩台在绕倾覆轴方向和垂直于倾覆轴方向均产生弯矩，其值如图 8-21 和图 8-22 所示。

由图 8-18 和图 8-21 可知，平行于倾覆轴方向的墩底弯矩与墩台顶部所受水平力的趋势基本一致,但由于各墩台高度差异,水平力对墩底弯矩的影响被不同程度地放大。在梁体发生侧移时,桥墩 P_3 所受水平力大于 P_2,但由于墩柱高度对水平力作用效应的放大,桥墩 P_2 所受弯矩总体大于 P_3。桥墩 P_1 所受水平力及其墩底弯矩在梁体倾角 13°前较为显著,之后均趋近于 0;桥台 A_4 所受水平力在梁体倾角 21°后产生显著增长,其原因是倾覆后期梁体与桥台发生碰撞并嵌入桥台,墩台承受的水平力逐渐向 A_4 分配。

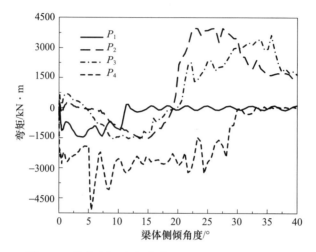

图 8-21 墩底弯矩-侧倾角度关系图(平行于倾覆轴)

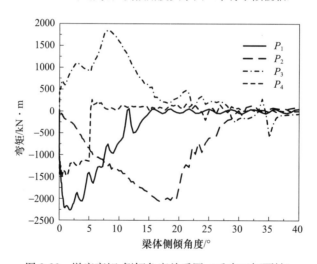

图 8-22 墩底弯矩-侧倾角度关系图(垂直于倾覆轴)

垂直于倾覆轴的墩底弯矩与平行于倾覆轴的墩底弯矩相比,两者变化趋势和量值大小均有较大差异。垂直于倾覆轴的墩底弯矩呈现出先大后小、先剧烈波动后稳定的特征,表明在加载阶段,梁体的变位相对于倾覆轴没有明显规律性,但在倾覆阶段,梁体呈现出明显的绕倾覆轴旋转的特征。垂直于倾覆轴的墩底弯矩值明显低于平行于倾覆轴的墩底弯矩,表明梁体倾覆时的转动以绕倾覆轴转动为主。

通过对墩台受力分析可知,结构墩台的受力大小、上部结构荷载在墩台中的分配情况均与其抗推刚度相关。因此,可通过合理设计墩台高度、尺寸等对下部结构的受力情况做出恰当调整。

8.5 梁体抗倾覆稳定性分析

8.5.1 规范规定

《公路钢筋混凝土及预应力混凝土桥涵设计规范》（JTG 3362—2018）第 4.1.8 条对桥梁的横向抗倾覆稳定性做出了规定，要求在作用基本组合下，单向受压支座始终保持受压状态，同时在按作用标准值进行组合时，梁体应符合式（8-3）要求。

$$\frac{\sum S_{bk,i}}{\sum S_{sk,i}} \geqslant k_{qf} \tag{8-3}$$

式中，$S_{bk,i}$ 和 $S_{sk,i}$ 分别为使桥梁上部结构稳定和失稳的效应设计值，$S_{bk,i}=R_{Gki} \cdot l_i$，$S_{sk,i}=R_{Qki} \cdot l_i$，$R_{Gki}$ 为永久作用下第 i 个桥墩处失效支座的支反力，R_{Qki} 为可变作用下第 i 个桥墩处失效支座的支反力，l_i 为第 i 个桥墩处失效支座与有效支座中心距，k_{qf} 为横桥向抗倾覆稳定性系数，取 $k_{qf}=2.5$。

当采用规范规定对本章梁桥进行抗倾覆稳定性验算时，需首先通过有限元分析计算出永久作用和可变作用下的支座反力。具体计算过程见表 8-2。计算结果表明梁体稳定性不满足规范要求，将发生倾覆，与有限元模拟结果一致。

表 8-2 曲线钢-混凝土组合梁抗倾覆稳定性验算（规范方法）

项目			支座编号						
			1-1	1-2	2	3	4-1	4-2	4-3
l_i/m			2.5	0	0	0	1.3125	0	0
支座竖向力/kN	R_{Gki}		731.4	563.7	3494	3474	632.7	375.9	289.3
	汽车荷载标准值效应	R_{Qki}	1387.2	−848	820	552	1594.6	66.6	−1327.4
特征状态 1 验算	$1.0R_{Gki}+1.4R_{Qki}$		2673.48	−623.5	4642	4246.8	2865.14	469.14	−1569.06
	验算结论		单向受压支座不完全处于受压状态，不满足要求						
特征状态 2 验算	稳定效应 $\sum R_{Gki} \cdot l_i/$（kN·m）		1828.5	0	0	0	830.41875	0	0
	失稳效应/（kN·m） $\sum R_{Qki} \cdot l_i$		3468	0	0	0	2092.9125	0	0
	稳定性系数		$\sum R_{Gki} \cdot l_i / \sum R_{Qki} \cdot l_i = 0.4781$						
	验算结论		稳定性系数 0.4781＜2.5，不满足要求						

8.5.2 考虑极限状态的横桥向抗倾覆稳定验算方法

《公路钢筋混凝土及预应力混凝土桥涵设计规范》（JTG 3362—2018）中规定的方法涉及失稳效应和稳定效应均依照失效支座对有效支座的力矩进行计算。这种方法所采用的荷载通常为《公路桥涵设计通用规范》（JTG D60—2015）既定的车道荷载或车辆荷载，常适用于普通情况下桥梁横桥向稳定性验算。而对于特定情况下或极限状态下的桥梁横桥向抗倾覆稳定性计算，《公路钢筋混凝土及预应力混凝土桥涵设计规范》（JTG 3362—2018）中规定的方法则不符合桥梁的实际受力图示，不适用于对特定情况下的桥梁横桥向稳定性进行验算。

当桥梁结构达到受力平衡的极限状态时，各墩台处均剩一个有效支座，在此时刻后，梁体继续转动，直至 P_1、A_4 处所有支座完全脱空后，梁体才发生侧移。图 8-23 采用甘特图展示了梁体加载并倾覆的全过程。从图 8-23 中可以看出，支座脱空与梁体倾覆同时发生，而且在处于稳定的特征状态 2 下，已经有支座与梁体发生了脱离。当大部分支座脱空后，梁体仍过了较长时间才发生侧移。因此，对于特定工况和极限状态下的受载梁体，《公路钢筋混凝土及预应力混凝土桥涵设计规范》（JTG 3362—2018）中规定的支座始终处于受压状态的要求，低估了梁体的抗倾覆稳定性。基于此，本章结合梁体的实际受力图示，提出了一种考虑极限状态的桥梁横桥向抗倾覆稳定验算方法。

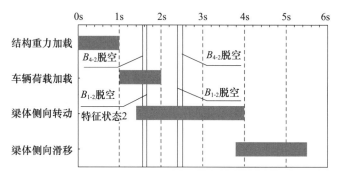

图 8-23　梁桥加载、倾覆全过程

倾覆过程中，梁体绕倾覆轴转动。任意两个相邻墩台支座中心点连线均为可能的倾覆轴，所有可能的倾覆轴中最短者即为桥梁的实际倾覆轴。B_{1-1} 与 B_2 的连线、B_2 与 B_3 的连线、B_3 与 B_{4-1} 的连线为可能的倾覆轴，其中 B_2 与 B_3 的连线最短，即为实际倾覆轴，如图 8-24 所示。

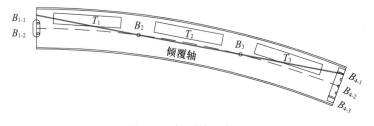

图 8-24　倾覆轴示意图

考虑极限状态的桥梁横桥向抗倾覆稳定验算以倾覆轴为转动中心，桥梁受力情况如图 8-25、图 8-26 所示。稳定效应值 M_1、失稳效应值 M_2 采用如下方法计算，见式（8-4）、式（8~5）。

$$M_1 = E_g G_b + \sum_{j=2,3} (x_{Rj} - E_{Rj}) R_j \tag{8-4}$$

$$M_2 = \sum_{i=1}^{3} (x_{Ti} - E_{ti}) G_{Ti} + \sum_{j=1,4} (x_{Rj} - E_{Rj}) R_j \tag{8-5}$$

式中，G_b 为钢混组合梁自重；G_{Ti} 为车辆 T_i 的重力；R_j 为第 j 号墩（台）处有效支座的支反力；E_g 为梁体质量中心距倾覆轴的距离；x_{Ti} 为车辆 T_i 质心距倾覆轴的距离；x_{Rj} 为 j 号墩（台）处有效支反力距倾覆轴的距离。

极限状态下梁体横桥向抗倾覆稳定性系数可根据式（8-6）计算。

$$k_0 = \frac{M_1}{M_2} \tag{8-6}$$

若稳定效应值大于失稳效应值，即 $k_0 > 1$，则说明此时梁体能保持平衡，不致发生倾覆；若失稳效应值大于稳定效应值，即 $k_0 < 1$，则说明此时梁体不能保持平衡，即将或正在发生倾覆。

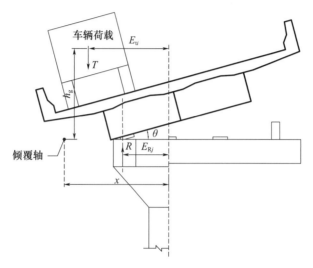

图 8-25　P_1、A_4 抗倾覆稳定性计算

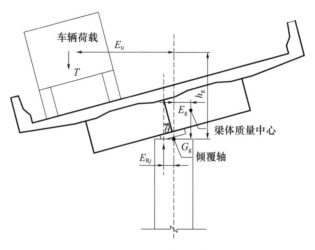

图 8-26　P_2、P_3 抗倾覆稳定性计算

基于式（8-4）～式（8-6），不同加荷情况下梁体的横桥向抗倾覆稳定性即可被计算，计算结果见表 8-3。当活载加荷比例为 60%，即车辆重力为其实际重力的 60% 时，抗倾覆稳定系数为 1.591，此时梁体处于稳定状态；当活载加荷比例为 80% 时，抗倾覆稳定系数为 1.031，此时梁体仍能保持稳定，但即将达到受力平衡的极限状态。采用《公路钢筋混凝土及预应力混凝土桥涵设计规范》（JTG 3362—2018）的规定进行判断时，这一极限平衡状态应出现于活载加荷比例 65% 的时刻。因此，在考虑受力平衡的

极限状态时，《公路钢筋混凝土及预应力混凝土桥涵设计规范》（JTG 3362—2018）规定的方法低估了梁体的抗倾覆能力。当活载加荷比例达 100％时，抗倾覆稳定系数为 0.819<1，此时梁体无法保持稳定，发生倾覆。

表 8-3　考虑极限状态的桥梁横桥向抗倾覆稳定验算

加荷比例：60%

结构部件	F/kN	x/m	h/m	E/m		M/（kN·m）	M_2/（kN·m）
梁体	−9555.657			E_g/m	1.136	−10851.733	
T_1	−878.590	1.174	1.740		2.408	1084.670	6824.492
T_2	−878.590	−0.392	1.740	E_{ti}/m	2.408	2459.926	
T_3	−878.590	1.174	1.740		2.408	1084.670	M_1/（kN·m）
B_{1-1}	708.100	3.125			1.251	1326.526	10854.988
B_2	3301.000	0.000			0.001	−3.255	
B_3	3176.000	0.000		E_{Rj}/m	−0.001	3.080	k_0
B_{4-1}	631.200	3.125			1.753	865.620	1.591

加荷比例：80%

结构部件	F/kN	x/m	h/m	E/m		M/（kN·m）	M_2/（kN·m）
梁体	−9555.657			E_g/m	1.136	−10850.762	
T_1	−1171.453	1.174	1.740		2.424	1465.281	10513.343
T_2	−1171.453	−0.392	1.740	E_{ti}/m	2.424	3298.956	
T_3	−1171.453	1.174	1.740		2.424	1465.281	M_1/kN·m
B_{1-1}	1182.000	3.125			1.250	2215.487	10843.431
B_2	3681.000	0.000			−0.002	7.331	
B_3	3681.000	0.000		E_{Rj}/m	−0.002	7.142	k_0
B_{4-1}	1503.000	3.125			1.753	2061.196	1.031

加荷比例：100%

结构部件	F/kN	x/m	h/m	E/m		M/（kN·m）	M_2/（kN·m）
梁体	−9555.657			E_g/m	1.135	−10845.937	
T_1	−1464.316	1.174	1.739		2.456	1877.984	13247.574
T_2	−1464.316	−0.392	1.739	E_{ti}/m	2.456	4170.078	
T_3	−1464.316	1.174	1.739		2.456	1877.984	M_1/（kN·m）
B_{1-1}	1653.000	3.125			1.254	3091.676	10854.632
B_2	4394.000	0.000			0.002	−8.695	
B_3	4216.000	0.000		E_{Rj}/m	−0.001	4.089	k_0
B_{4-1}	1623.000	3.125			1.753	2225.762	0.819

8.5.3　钢-混凝土组合箱梁爬移行为对抗倾覆稳定性的影响

曲线钢-混凝土组合箱梁桥的受力特点较复杂，具有典型的弯扭耦合效应，因此梁体的变形较直线桥有一定程度的增加。

同时，梁体在实际运营阶段会在车辆荷载和环境温度的耦合作用下沿径向外移，发生"爬移"现象。随着时间增长，钢-混凝土组合箱梁桥的"爬移"行为会不断积累，出现支座脱空、墩台破坏、梁体横向倾斜等二次病害，甚至导致梁体横桥向倾覆的严重事故。

为考虑爬移行为对梁体抗倾覆稳定性的影响，本章将汽车荷载设置为《公路桥涵设计通用规范》（JTG D60—2015）第 4.3.1 条规定的车辆荷载，车辆重力标准值为 550kN，车辆位置保持不变。利用式（8-4）～式（8-6）及有限元软件，计算不同梁体爬移量下，梁体抗倾覆稳定系数的变化情况。

图 8-27 展示了梁体爬移距离对桥梁横桥向抗倾覆稳定性的影响。梁体横桥向抗倾覆稳定系数随爬移距离的增加而逐渐减小，稳定性变差。对于本章中的桥梁，当爬移距离达到 0.52m 时，梁体达到受力平衡的极限状态，将在下一时刻发生倾覆。

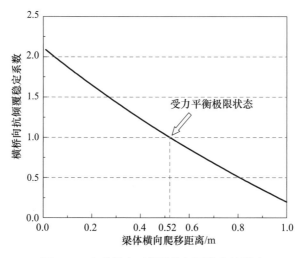

图 8-27　爬移距离对梁体抗倾覆稳定性影响

文献中指出，若不对梁体做任何干预，1 年期间其横桥向爬移距离可达 0.7m。因此，在桥梁设计与维护过程中，可采取设置侧向限位装置、设置支座预偏心、增大双支座或多支座的支座间距等措施，对曲线钢-混凝土组合箱梁的爬移行为加以限制，避免其出现横桥向倾覆的严重事故。

8.6　本章小结

（1）曲线钢-混凝土组合箱梁的横桥向倾覆过程可分为三个阶段：梁体小角度转动阶段、梁体大角度转动阶段、侧移倾覆阶段。

（2）曲线钢-混凝土组合箱梁的倾覆过程和破坏特征与普通混凝土箱梁相近，但仍存在梁体显著爬移、底板屈曲等特有特征，需在设计时加以考虑。

（3）梁体倾覆过程中，下部结构的受力情况与墩台的抗推刚度有关，可通过合理设计墩台高度、尺寸等对下部结构的受力状况做出适当调整。

（4）《公路钢筋混凝土及预应力混凝土桥涵设计规范》（JTG 3362—2018）对梁体

横桥向稳定性的计算方法与考虑极限状态的稳定计算方法原理一致,《公路钢筋混凝土及预应力混凝土桥涵设计规范》(JTG 3362—2018)规定的方法适用于设计阶段的桥梁横桥向稳定性验算,设置有较高的安全余量;考虑极限状态的计算方法以梁体实际受力情况为准,适用于特定状态下梁体稳定性分析。

(5)设置侧向限位装置、设置支座预偏心、增大双支座或多支座的支座间距等措施能够减少梁体爬移量,提高钢-混凝土组合箱梁的横桥向抗倾覆稳定性。

附　录

附录 A

（1）矩阵 $\boldsymbol{B}_k$ 为

$$\boldsymbol{B}_k=\begin{bmatrix}
-k_0 & 0 & 0 & 0 & 0 & 0 & 0 & 1 & -y_s k_0 & 0 & 0 & 0 & -y_d k_0\psi_d & 0 & 0 & a_k k_0/2 & 0 & 0 & a_k/2 \\
0 & 0 & -1 & 0 & 0 & 0 & 0 & -k_0 & 0 & 0 & 0 & 0 & 0 & 0 & 0 & 0 & 0 & 0 & 0 \\
0 & 0 & 0 & 0 & 0 & -1 & 0 & 0 & k_0 & 0 & 0 & 0 & -k_0\psi_d & 0 & 0 & 0 & 0 & 0 & 0 \\
0 & 0 & 0 & 0 & 0 & -k_0 & 0 & 0 & 0 & 0 & 0 & 0 & -1 & 0 & 0 & 0 & 0 & 0 & 0 \\
0 & 0 & 0 & 0 & 0 & 0 & 0 & 0 & 0 & 0 & 0 & 0 & 0 & 0 & -1 & 0 & 0 & 0 & 0 \\
0 & 0 & 0 & 0 & k_0 & 0 & 0 & 0 & 0 & 0 & 1 & 0 & 0 & 0 & 0 & 0 & 0 & 0 & 0 \\
0 & 0 & 0 & 0 & -k_0 & 0 & 0 & 0 & 0 & 0 & 0 & -1 & 0 & 0 & 0 & 0 & 0 & 0 & 0
\end{bmatrix}$$

式中 $k=s$，c，分别代表钢梁和混凝土板。

（2）矩阵的非零元素 $\boldsymbol{B}_\Omega$ 为

$B_\Omega\ (1,\ 16)\ =1$；$B_\Omega\ (2,\ 18)\ =1$。

附录 B

矩阵 N 为

$$\boldsymbol{N}=\begin{bmatrix}
n_1 & n_2 & 0 & 0 & 0 & 0 & 0 & 0 & 0 & 0 & 0 & 0 & n_3 & n_4 & 0 & 0 & 0 & 0 & 0 & 0 & 0 & 0 & 0 & 0 \\
n_1' & n_2' & 0 & 0 & 0 & 0 & 0 & 0 & 0 & 0 & 0 & 0 & n_3' & n_4' & 0 & 0 & 0 & 0 & 0 & 0 & 0 & 0 & 0 & 0 \\
n_1'' & n_2'' & 0 & 0 & 0 & 0 & 0 & 0 & 0 & 0 & 0 & 0 & n_3'' & n_4'' & 0 & 0 & 0 & 0 & 0 & 0 & 0 & 0 & 0 & 0 \\
0 & 0 & n_1 & n_2 & 0 & 0 & 0 & 0 & 0 & 0 & 0 & 0 & 0 & 0 & n_3 & n_4 & 0 & 0 & 0 & 0 & 0 & 0 & 0 & 0 \\
0 & 0 & n_1' & n_2' & 0 & 0 & 0 & 0 & 0 & 0 & 0 & 0 & 0 & 0 & n_3' & n_4' & 0 & 0 & 0 & 0 & 0 & 0 & 0 & 0 \\
0 & 0 & n_1'' & n_2'' & 0 & 0 & 0 & 0 & 0 & 0 & 0 & 0 & 0 & 0 & n_3'' & n_4'' & 0 & 0 & 0 & 0 & 0 & 0 & 0 & 0 \\
0 & 0 & 0 & 0 & m_1 & 0 & 0 & 0 & 0 & 0 & 0 & 0 & 0 & 0 & 0 & m_2 & 0 & 0 & 0 & 0 & 0 & 0 & 0 & 0 \\
0 & 0 & 0 & 0 & m_1' & 0 & 0 & 0 & 0 & 0 & 0 & 0 & 0 & 0 & 0 & m_2' & 0 & 0 & 0 & 0 & 0 & 0 & 0 & 0 \\
0 & 0 & 0 & 0 & 0 & m_1 & 0 & 0 & 0 & 0 & 0 & 0 & 0 & 0 & 0 & m_2 & 0 & 0 & 0 & 0 & 0 & 0 & 0 & 0 \\
0 & 0 & 0 & 0 & 0 & m_1' & 0 & 0 & 0 & 0 & 0 & 0 & 0 & 0 & 0 & m_2' & 0 & 0 & 0 & 0 & 0 & 0 & 0 & 0 \\
0 & 0 & 0 & 0 & 0 & 0 & m_1 & 0 & 0 & 0 & 0 & 0 & 0 & 0 & 0 & 0 & m_2 & 0 & 0 & 0 & 0 & 0 & 0 & 0 \\
0 & 0 & 0 & 0 & 0 & 0 & m_1' & 0 & 0 & 0 & 0 & 0 & 0 & 0 & 0 & 0 & m_2' & 0 & 0 & 0 & 0 & 0 & 0 & 0 \\
0 & 0 & 0 & 0 & 0 & 0 & 0 & n_1 & n_2 & 0 & 0 & 0 & 0 & 0 & 0 & 0 & 0 & n_3 & n_4 & 0 & 0 & 0 & 0 & 0 \\
0 & 0 & 0 & 0 & 0 & 0 & 0 & n_1' & n_2' & 0 & 0 & 0 & 0 & 0 & 0 & 0 & 0 & n_3' & n_4' & 0 & 0 & 0 & 0 & 0 \\
0 & 0 & 0 & 0 & 0 & 0 & 0 & n_1'' & n_2'' & 0 & 0 & 0 & 0 & 0 & 0 & 0 & 0 & n_3'' & n_4'' & 0 & 0 & 0 & 0 & 0 \\
0 & 0 & 0 & 0 & 0 & 0 & 0 & 0 & 0 & m_1 & 0 & 0 & 0 & 0 & 0 & 0 & 0 & 0 & 0 & 0 & 0 & 0 & m_2 & 0 \\
0 & 0 & 0 & 0 & 0 & 0 & 0 & 0 & 0 & m_1' & 0 & 0 & 0 & 0 & 0 & 0 & 0 & 0 & 0 & 0 & 0 & 0 & m_2' & 0 \\
0 & 0 & 0 & 0 & 0 & 0 & 0 & 0 & 0 & 0 & m_1 & 0 & 0 & 0 & 0 & 0 & 0 & 0 & 0 & 0 & 0 & 0 & 0 & m_2 \\
0 & 0 & 0 & 0 & 0 & 0 & 0 & 0 & 0 & 0 & m_1' & 0 & 0 & 0 & 0 & 0 & 0 & 0 & 0 & 0 & 0 & 0 & 0 & m_2'
\end{bmatrix}$$

矩阵 $\mathbf{N_F}$ 表示如下：

$$\mathbf{N_F}=\begin{bmatrix} n_1 & n_2 & 0 & 0 & 0 & 0 & 0 & 0 & 0 & 0 & 0 & 0 & n_3 & n_4 & 0 & 0 & 0 & 0 & 0 & 0 & 0 & 0 & 0 \\ 0 & 0 & n_1 & n_2 & 0 & 0 & 0 & 0 & 0 & 0 & 0 & 0 & 0 & 0 & n_3 & n_4 & 0 & 0 & 0 & 0 & 0 & 0 & 0 \\ 0 & 0 & 0 & 0 & m_1 & 0 & 0 & 0 & 0 & 0 & 0 & 0 & 0 & 0 & 0 & 0 & m_2 & 0 & 0 & 0 & 0 & 0 & 0 \\ 0 & 0 & 0 & 0 & 0 & m_1 & 0 & 0 & 0 & 0 & 0 & 0 & 0 & 0 & 0 & 0 & 0 & m_2 & 0 & 0 & 0 & 0 & 0 \\ 0 & 0 & 0 & 0 & 0 & 0 & m_1 & 0 & 0 & 0 & 0 & 0 & 0 & 0 & 0 & 0 & 0 & 0 & m_2 & 0 & 0 & 0 & 0 \\ 0 & 0 & 0 & 0 & 0 & 0 & 0 & n_1 & n_2 & 0 & 0 & 0 & 0 & 0 & 0 & 0 & 0 & 0 & 0 & n_3 & n_4 & 0 & 0 \\ 0 & 0 & 0 & 0 & 0 & 0 & 0 & 0 & 0 & m_1 & 0 & 0 & 0 & 0 & 0 & 0 & 0 & 0 & 0 & 0 & 0 & m_2 & 0 \\ 0 & 0 & 0 & 0 & 0 & 0 & 0 & 0 & 0 & 0 & m_1 & 0 & 0 & 0 & 0 & 0 & 0 & 0 & 0 & 0 & 0 & 0 & m_2 \end{bmatrix}$$

式中，$n_1=\left(1+\dfrac{2z}{l_e}\right)\left(\dfrac{z-l_e}{l_e}\right)^2$；$n_2=z\left(\dfrac{z-l_e}{l_e}\right)^2$；$n_3=\left(1-\dfrac{2(z-l_e)}{l_e}\right)\left(\dfrac{z}{l_e}\right)^2$；$n_4=(z-l_e)\left(\dfrac{z}{l_e}\right)^2$；$m_1=1-\dfrac{z}{l_e}$；$m_2=\dfrac{z}{l_e}$。

附录 C

（1）矩阵 $\mathbf{B}_k$ 的非零元素为

$B_k(1,1)=-k_0$；$B_k(1,8)=1$；$B_k(1,9)=-y_sk_0$；$B_k(1,13)=-y_dk_0\Psi_d$；$B_k(1,16)=-a_kk_0/2$；$B_k(1,19)=a_k/2$；

$B_k(2,3)=-1$；$B_k(2,8)=-k_0$；$B_k(2,19)=-a_kk_0/2$；

$B_k(3,6)=-1$；$B_k(3,9)=k_0$；$B_k(3,13)=k_0\Psi_d$；

$B_k(4,6)=-k_0$；$B_k(4,12)=-1$；

$B_k(5,15)=-1$；

$B_k(6,21)=1$；

$B_k(7,23)=1$；

$B_k(8,5)=k_0$；$B_k(8,10)=1$；

$B_k(9,5)=-k_0$；$B_k(9,11)=-1$；

$B_k(10,20)=1$；

$B_k(11,22)=1$。

式中，$k=s,c$，分别代表钢梁和混凝土板。

（2）矩阵 $\mathbf{B}_\Omega$ 的非零元素为

$B_\Omega(1,16)=1$；$B_\Omega(2,18)=1$。

附录 D

形函数矩阵 $\mathbf{N}$ 的非零元素为

$N(1,1)=n_1$；$N(1,2)=n_2$；$N(1,14)=n_3$；$N(1,15)=n_4$；

$N(2,1)=n_1'$；$N(2,2)=n_2'$；$N(2,14)=n_3'$；$N(2,15)=n_4'$；

$N(3,1)=n_1''$；$N(3,2)=n_2''$；$N(3,14)=n_3''$；$N(3,15)=n_4''$；

$N(4,3)=n_1$；$N(4,4)=n_2$；$N(4,16)=n_3$；$N(4,17)=n_4$；

N $(5,3)$ $=n_1{}'$；N $(5,4)$ $=n_2{}'$；N $(5,16)$ $=n_3{}'$；N $(5,17)$ $=n_4{}'$；

N $(6,3)$ $=n_1{}''$；N $(6,4)$ $=n_2{}''$；N $(6,16)$ $=n_3{}''$；N $(6,17)$ $=n_4{}''$；

N $(7,5)$ $=m_1$；N $(7,18)$ $=m_2$；

N $(8,5)$ $=m_1{}'$；N $(8,18)$ $=m_2{}'$；

N $(9,6)$ $=m_1$；N $(9,19)$ $=m_2$；

N $(10,6)$ $=m_1{}'$；N $(10,19)$ $=m_2{}'$；

N $(11,7)$ $=m_1$；N $(11,20)$ $=m_2$；

N $(12,7)$ $=m_1{}'$；N $(12,20)$ $=m_2{}'$；

N $(13,8)$ $=n_1$；N $(13,9)$ $=n_2$；N $(13,21)$ $=n_3$；N $(13,22)$ $=n_4$；

N $(14,8)$ $=n_1{}'$；N $(14,9)$ $=n_2{}'$；N $(14,21)$ $=n_3{}'$；N $(14,22)$ $=n_4{}'$；

N $(15,8)$ $=n_1{}''$；N $(15,9)$ $=n_2{}''$；N $(15,21)$ $=n_3{}''$；N $(15,22)$ $=n_4{}''$；

N $(16,10)$ $=m_1$；N $(16,23)$ $=m_2$；

N $(17,10)$ $=m_1{}'$；N $(17,23)$ $=m_2{}'$；

N $(18,11)$ $=m_1$；N $(18,24)$ $=m_2$；

N $(19,11)$ $=m_1{}'$；N $(19,24)$ $=m_2{}'$；

N $(20,12)$ $=m_1$；N $(20,25)$ $=m_2$；

N $(21,12)$ $=m_1{}'$；N $(21,25)$ $=m_2{}'$；

N $(22,13)$ $=m_1$；N $(22,26)$ $=m_2$；

N $(23,13)$ $=m_1{}'$；N $(23,26)$ $=m_2{}'$。

形函数矩阵 $\mathbf{N_F}$ 的非零元素为

N_F $(1,1)$ $=n_1$；N_F $(1,2)$ $=n_2$；N_F $(1,14)$ $=n_3$；N_F $(1,15)$ $=n_4$；

N_F $(2,3)$ $=n_1$；N_F $(2,4)$ $=n_2$；N_F $(2,16)$ $=n_3$；N_F $(2,17)$ $=n_4$；

N_F $(3,5)$ $=m_1$；N_F $(3,18)$ $=m_2$；

N_F $(4,6)$ $=m_1$；N_F $(4,19)$ $=m_2$；

N_F $(5,7)$ $=m_1$；N_F $(5,20)$ $=m_2$；

N_F $(6,8)$ $=n_1$；N_F $(6,9)$ $=n_2$；N_F $(6,21)$ $=n_3$；N_F $(6,22)$ $=n_4$；

N_F $(7,10)$ $=m_1$；N_F $(7,23)$ $=m_2$；

N_F $(8,11)$ $=m_1$；N_F $(8,24)$ $=m_2$；

N_F $(9,12)$ $=m_1$；N_F $(9,25)$ $=m_2$；

N_F $(10,13)$ $=m_1$；N_F $(10,26)$ $=m_2$。

式中，$n_1 = \left(1+\dfrac{2z}{l_e}\right)\left(\dfrac{z-l_e}{l_e}\right)^2$；$n_2 = z\left(\dfrac{z-l_e}{l_e}\right)^2$；$n_3 = \left(1-\dfrac{2(z-l_e)}{l_e}\right)\left(\dfrac{z}{l_e}\right)^2$；$n_4 = (z-l_e)\left(\dfrac{z}{l_e}\right)^2$；$m_1=1-\dfrac{z}{l_e}$；and $m_2=\dfrac{z}{l_e}$。

参考文献

［1］ WANG H L, ZHU E Y. Dynamic response analysis of monorail steel-concrete composite beam-train interaction system considering slip effect ［J］. Engineering Structures, 2018 (160): 257-269.

［2］ BISCONTIN G, MORASSI A, WENDEL P. Vibrations of steel-concrete composite beams ［J］. Journal of Vibration and Control, 2000 (6): 691-714.

［3］ GIRHAMMAR U A, PAN D H, GUSTAFSSN A. Exact dynamic analysis of composite beams with partial interaction ［J］. International Journal of Mechanical Sciences, 2009, 51 (8): 656-582.

［4］ LIU K, ROECK GD, LOMBAERT G. The effect of dynamic train-bridge interaction on the bridge response during a train passsge ［J］. Journal of Sound and Vibration, 2009 (325): 240-251.

［5］ PIOVAN MT, CORTINEZ VH. Mechanics of thin-walled curved beams made of composite materials, allowing for shear deformability ［J］. Thin-Walled Structures, 2007 (45): 759-789.

［6］ TAN, EE LOON, BRIAN UY. Experimental study on curved composite beams subjected to combined flexure and torsion ［J］. Journal of Constructional Steel Research, 2009, 65 (8/9): 1855-1863.

［7］ BRADFORD M A, GILBERT R I. Time-dependent behavior of simply supported steel-concrete composite beams ［J］. Magzine of Concrete Research, 1991, 43 (157): 265-274.

［8］ 王志浩. 独柱墩梁桥的抗倾覆分析及加固对策研究 ［D］. 陕西: 长安大学, 2014.

［9］ 彭卫兵, 徐文涛, 陈光军, 等. 独柱墩梁桥抗倾覆承载力计算方法 ［J］. 中国公路学报, 2015, 28 (3): 66-72.

［10］ 彭卫兵, 朱志翔, 陈光军, 等. 梁桥倾覆机理、破坏模式与计算方法研究 ［J］. 土木工程学报, 2019, 52 (12): 104-113.

［11］ 蒋丽忠, 曾丽娟, 孙林林. 钢-混凝土连续组合梁钢腹板局部屈曲分析 ［J］. 建筑科学与工程学报, 2009, 26 (3): 27-31.

［12］ SHI X F, et al. Failure analysis on a curved girder bridge collapse under eccentric heavy vehicles using explicit finite element method: case study ［J］. Journal of Bridge Engineering, 2018, 23 (3): 05018001. 1-05018001. 11.

［13］ TANG H H, et al. Numerical simulation of a cable-stayed bridge response to blast loads, Part I: Model development and response calculations ［J］. Engineering Structures, 2010, 32 (10): 3180-3192.

［14］ XU, Z, et al. Progressive-collapse simulation and critical region identification of a stone arch bridge ［J］. Journal of Performance of Constructed Facilities, 2013. 27 (1), 43-52.

［15］ BI K M, et al. Domino-type progressive collapse analysis of a multi-span simply-supported bridge：A case study [J]．Engineering Structures，2015（90）：172-182.

[16] NIE J G，WANG J J，GOU S K，et al. Technological development and engineering applications of novel steel-concrete composite structures [J]．Frontiers of structural and civil ensineering，2019，13（1）：1-14.

[17] COLVILLE JAMES. Tests of curved steel-concrete composite beams [J]．Journal of the Structural Division，1973，99（7）：1555-1570.

[18] THEVENDRAN V，SHANMUGAM N E，CHEN S，et al. Experimental study on steel-concrete composite beams curved in plan [J]．Engineering Structures，2000，22（8）：877-889.

[19] LIU X，BRADFORD M A，ERKMEN R E. Time-dependent response of spatially curved steel-concrete composite members. II：Curved-beam experimental modeling [J]．Journal of Structural Engineering，2013，139（12）：04013003.

[20] WANG YUHANG，NIE JIANGUO，LI JIAN JUN. Study on fatigue property of steel-concrete composite beams and studs [J]．Journal of Constructional Steel Research，2014（94）：1-10.

[21] ZHANG YANLING，WEIGE，DE YINGZHANG. Experimental research on bending-torsion characteristics of steel-concrete composite box beams [J]．Advanced Materials Research，2012（594）：785-790.

[22] HU SHAOWEI，KE YUZHAO. Experimental research on torsional performance of prestressed composite box beam with partial shear connection [J]．Applied Mechanics and Materials，2013（438）：658-662.

[23] CAO GUOHUI，et al. Long-term experimental study on prestressed steel-concrete composite continuous box beams [J]．Journal of Bridge Engineering，2018，23（9）：04018067.

[24] OLLGAARD J G，SLUTTER R G，FISHER J W. Shear strength of stud connectors in lightweight and normal weight concrete [J]．AISC Engineering Journal，1971，8（2）：495-506.

[25] WANG YUHANG，NIE JIANGUO，FAN JIANSHENG. Fiber beam-column element for circular concrete filled steel tube under axial-flexure-torsion combined load [J]．Journal of Constructional Steel Research，2014（95）：10-21.

[26] KONG SIYU，et al. Load distribution factor for moment of composite bridges with multi-box girders [J]．Engineering Structures，2020（215）：110716.

[27] ZHU YINGJIE，et al. Multi-index distortion control of steel-concrete composite tub-girders considering interior cross-frame deformation [J]．Engineering Structures，2020（210）：110291.

[28] UANG，CHIA-MING，MICHEL BRUNEAU. State-of-the-art review on seismic design of steel structures [J]．Journal of Structural Engineering，2018，144（4）：03118002.

[29] GUO J Q，FANG Z Z，ZHENG Z. Design theory of box girder [M]．Beijing：China Communication Press，2008.

[30] RÜSCH HUBERT. Researches toward a general flexural theory for structural concrete [J]．Journal of the American Concrete Institute，1960，57（1）：1-28.

[31] ZHU，LI，et al. Finite beam element with 22 DOF for curved composite box girders considering torsion，distortion，and biaxial slip [J]．Archives of Civil and Mechanical Engineering，2020（20）：1-19.

[32] ERKMEN R E，BRADFORD M A. Nonlinear quasi-viscoelastic behavior of composite beams curved in-plan [J]．ASCE Journal of Engineering Mechanics，2011，137（4）：238-247.

[33] JURKIEWIEZ B，BUZON S，SIEFFERT J G. Incremental viscoelastic analysis of composite beams with partial interaction [J]．Computer and Structures，2005，83（21-22）：1780-1791.

［34］　BAŽANT，ZDENĚK P，BYUNG H OH. Crack band theory for fracture of concrete ［J］．Matériaux et construction，1983 （16）：155-177.

［35］　OLLGAARD，JORGEN G，ROGER G，et al. Shear strength of stud connectors in lightweight and normal-weight concrete ［J］．Engineering Journal，1971，8 （2）：55-64.

［36］　BELARBI，ABDELDJELIL，THOMAS TC HSU. Constitutive laws of concrete in tension and reinforcing bars stiffened by concrete ［J］．Structural Journal，1994，91 （4）：465-474.

［37］　VLASOV V Z. Thin-walled elastic beams ［M］．2nd Ed. Jerusalem：Israel Program for Scientific Translation，1961.

［38］　JURKIEWIEZ，BRUNO，JEAN-FRANÇOIS DESTREBECQ，et al. Incremental analysis of time-dependent effects in composite structures ［J］．Computers & structures，1999，73 （1/5）：425-435.

［39］　THE INTERNATIONAL FEDERATION FOR STRUCTURAL CONCRETE. CEB design manual on structural effects of time dependent behavior of concrete. Saint-Saphorin ［M］．Switzerland：CEB bulletin d' information，1984.

［40］　HAN LIN HAI，WEI LI. Seismic performance of CFST column to steel beam joint with RC slab：Experiments ［J］．Journal of Constructional Steel Research，20106，6 （11）：1374-1386.

［41］　ERKMEN R E，BRADFORD M A. Nonlinear elastic analysis of composite beams curved in-plan ［J］．Engineering Structures，2009 （31）：1613-1624.

［42］　LIU CHENG，et al. Biaxial reinforced concrete constitutive models for implicit and explicit solvers with reduced mesh sensitivity ［J］．Engineering Structures，2020 （219）：110880.

［43］　HASEBE K，USUKI S，HORIE Y. Shear lag analysis and effective width of curved girder bridges ［J］．ASCE Journal of Engineering Mechanics，1985，111 （1）：88-92.

［44］　ESMAEILY，ASAD，AND YAN ＊＊AO. Behavior of reinforced concrete columns under variable axial loads：analysis ［J］．ACI Structural Journal，2005，102 （5）：736.

［45］　YOSHIMURA T，NIRASAWA N. On the stress distribution and effective width of curved girder bridges by the folded plate theory ［J］．Proceedings of the Japanese Society of Civil Engineers，1975 （233）：45-54.

［46］　HAN TONG-SEOK，PETER H FEENSTRA，SARAH L. Billington. Simulation of highly ductile fiber-reinforced cement-based composite components under cyclic loading ［J］．Structural Journal，2003，100 （6）：749-757.

［47］　ZHANG Z. Study on the key mechanical property of thin-walled bar with closed section and its engineering application ［J］．Chengdu：Southwest Jiaotong University，2012.

［48］　LUO Q Z，LI Q S. Shear lag of thin-walled curved box girder bridges ［J］．ASCE Journal of Engineering Mechanics，2000，126 （10）：1111-1114.

［49］　RAZAQPUR A G，LI H G. Refined analysis of curved thin-walled multicell box girders ［J］．Computers and Structures，1994，53 （1）：131-142.

［50］　EVANS H R，AL-RIFAIE W N. An experimental and theoretical investigation of the behaviour of box girders curved in plan ［J］．Proceedings of the Institution of Civil Engineers，Part 2，1975，59 （6）：323-352.

［51］　ZHANG S H，LYONS LPR. A thin-walled box beam finite element for curved bridge analysis ［J］．Computers and Structures，1984，18 （6）：1035-1046.

［52］　DING M. Experimental and theoretical study on long-term performance of prestressed steel-concrete composite beams ［D］．Shanghai：Tongji University，2008.

[53] FAN，JIANSHENG，et al. Long-term behavior of composite beams under positive and negative bending. I：Experimental study [J] . Journal of structural engineering，2010，136（7）：849-857.

[54] FAN JIANSHENG，et al. Long-term behavior of composite beams under positive and negative bending. Ⅱ：Analytical study [J] . Journal of structural engineering，2010，136（7）：858-865.

[55] GILBERT R IAN，MARK ANDREW BRADFORD. Time-dependent behavior of continuous composite beams at service loads [J] . Journal of Structural Engineering，1995，121（2）：319-327.

[56] HUANG DUNWEN，et al. Experimental study on influence of post-pouring joint on long-term performance of steel-concrete composite beam [J] . Engineering Structures，2019（186）：121-130.

[57] BOSWELL L F，ZHANG S H. A box beam finite element for the elastic analysis of thin-walled structures [J] . Thin-Walled Structures，1983，1（4）：353-383.

[58] MOFFATT K R，DOWLING P J. Shear lag in steel box girder bridges [J] . The Institution of Structural Engineers，1975，53（10）：439-448.

[59] HEINS C P，SPATES K R. Behavior of single horizontally curved girder [J] . Proceedings of the American Society of Civil Engineers，1970（99）：1511-1524.

[60] GIUSSANI F，MOLA F. Service-stage analysis of curved composite steel-concrete bridge beams [J] . Journal of Structural Engineering，ASCE，2006，132（12）：1928-1939.

[61] CHANG C J，WHITE D W. An assessment of modeling strategies for composite curved steel I-girder bridges [J] . Engineering Structures，2008（30）：2991-3002.

[62] KOMATSU S，NAKAI H，KITADA T. Study on shear lag and effective width of curved girder bridges [J] . Proceedings of the Japanese Society of Civil Engineers，1971（191）：1-14.

[63] ADAMAKOSA T，VAYAS I，PETRIDIS S，et al. Modeling of curved composite I-girder bridges using spatial systems of beam elements [J] . Journal of Constructional Steel Research，2011（67）：462-470.

[64] LIU X，BRADFORD M A，ERKMEN R E. Time-dependent response of spatially curved steel-concrete composite members. I：Computational modeling [J] . Journal of structural Engineering，2013，139（12）：04013004.

[65] NAKAI H，YOO C H. Analysis and design of curved steel bridges [M] . New York：McGraw-Hill Co.，1988.

[66] ARIZUMI Y，HAMADA S，OSHIRO T. Experimental and analytical studies on behavior of curved composite box girders [J] . University of Ryukyus，1987（34）：175-192.

[67] LI M J. Finite beam element considering multi-mechanical，geometrical and time-dependent effects of curved composite box-shape beams [D] . Beijing：Beijing Jiaotong University，2019.

[68] COMITE EURO INTERNATIONAL DU BETON. CEB-FIP Model Code 1990 [M] . London：Thomas Telford，1993.

[69] 许国良，等. 工程传热学 [M] . 北京：中国电力出版社，2005.

[70] 熊高亮，周凌宇，张汉一. 不规则混凝土壳体在整体不均匀日照作用下的温度效应研究 [J] . 铁道科学与工程学报，2015，12（3）：624-630.

[71] 中华人民共和国交通运输部. 公路钢筋混凝土及预应力混凝土桥涵设计规范：JTG 3362—2018 [S] . 北京：人民交通出版社股份有限公司，2018.

[72] 张根，黄志远. 新规范下大跨度钢箱梁抗倾覆设计中几个问题的探讨 [J] . 市政技术，2020，

38（5）：65-67，73.

[73] 祁志伟. 城市连续箱梁桥横向抗倾覆稳定性分析［D］. 湖南：中南大学，2014.

[74] 王志浩. 独柱墩梁桥的抗倾覆分析及加固对策研究［D］. 陕西：长安大学，2015.

[75] 中华人民共和国交通运输部. 公路桥涵设计通用规范：JTG D60—2015［S］. 北京：人民交通出版社股份有限公司，2015.

[76] 杨顺达. 曲线钢-混凝土组合梁桥爬移行为研究［D］. 北京：北京交通大学，2018.